Sitzungsberichte
der Akademie der Wissenschaften
der DDR
Mathematik – Naturwissenschaften – Technik

5 N
1976

Magnetische Werkstoffe für die Elektrotechnik

AKADEMIE-VERLAG · BERLIN

Sitzungsberichte
der Akademie der Wissenschaften der DDR
Mathematik — Naturwissenschaften — Technik

Jahrgang 1976 · Nr. 5/N

Magnetische Werkstoffe für die Elektrotechnik

AKADEMIE-VERLAG · BERLIN
1976

Vorträge des Akademiekolloquiums
vom 26. Juni 1975, veranstaltet von
der Klasse Werkstofforschung und dem
Zentralinstitut für Festkörperphysik
und Werkstofforschung der AdW der DDR

Herausgegeben im Auftrage
des Präsidenten der Akademie
der Wissenschaften der DDR
von Vizepräsident Prof. Dr. Heinrich Scheel

Erschienen im Akademie-Verlag, 108 Berlin, Leipziger Straße 3—4

Lizenznummer: 202 · 100/166/76
Gesamtherstellung: VEB Druckhaus Köthen
Bestellnummer: 753 137 8 (2010/76/5/N) · LSV 1185
Printed in GDR
DDR 9,50 M

Inhalt

Ulrich Hofmann

Begrüßung

Meine sehr verehrten Kolleginnen und Kollegen!

Es ist mir eine besondere Freude, Sie zum heutigen Kolloquium, das ja wenige Tage vor dem 275. Jahrestag der Gründung der Akademie der Wissenschaften der DDR stattfindet, begrüßen zu dürfen. Die Thematik unseres Kolloquiums befaßt sich mit magnetischen Werkstoffen für die Elektrotechnik.

Die Beschlüsse der Partei- und Staatsführung haben mehrfach eindringlich die Bedeutung der Werkstoffe für den weiteren wissenschaftlich-technischen Fortschritt in der DDR unterstrichen. Hieraus erwächst der Akademie der Wissenschaften eine große Mitverantwortung bei der Verwirklichung dieser Forderung.

Erlauben Sie mir, darauf hinzuweisen, daß diese Art Veranstaltungen, die im Jahre 1969 ins Leben gerufen wurde, nunmehr bereits zum fünften Male stattfindet. Mit einigem Recht läßt sich daraus schon eine gewisse Tradition ableiten, die uns ein wenig stolz machen sollte. Wurde doch mit den bisherigen Kolloquien das Bemühen der Akademie sowohl um die Entwicklung der werkstoffwissenschaftlichen Grundlagen als auch um die Überführung von Forschungsergebnissen in die Produktion deutlich.

Einer japanischen Schätzung zufolge — und das trifft sicher auch für die DDR zu — beträgt der Produktionsumfang an magnetischen Werkstoffen etwa 2% des Nationaleinkommens. Aus dieser Tatsache wird nicht zuletzt auch die Wichtigkeit der heute zu behandelnden Werkstoffgruppe für den technischen Fortschritt sichtbar.

In den letzten Jahren sind auf dem Gebiet der magnetischen Werkstoffe verstärkt weitere Entwicklungen zu bemerken. Bei den Dauermagnetwerkstoffen ist zu den bekannten Werkstofftypen ein völlig neuer Werkstoff dazugekommen, die intermetallischen Seltenerd-Kobaltverbindungen. Diese Werkstoffe haben eine beträchtlich höhere Energiedichte als die vorher bekannten. Weitere Entwicklungen sind insbesondere auch durch die Bedürfnisse der modernen Technik auf dem Gebiet der halbharten Dauermagnete eingeleitet worden. Eine gewisse Renaissance zeigt sich bei den hochpermeablen Legierungen. Hier sind

Permeabilitäten von 200 000 technisch realisiert worden. Die Verbesserung der Elektrobleche für die Energiewandlung wird von verschiedenen Seiten angegangen. Die Verlustminderung durch geeignete Kristallorientierungen wird technisch immer besser beherrscht. Neue Herstellungstechnologien, wie die Glasisolierung der Elektrobleche, führten zu weiteren Verbesserungen in dieser technisch und ökonomisch so wichtigen Werkstoffgruppe. Neu hinzugekommen sind in den letzten Jahren die kompakten weichmagnetischen Legierungen. Auf vielen Anwendungsgebieten werden die lamellierten Magnetkerne durch spezielle ferromagnetische Legierungen mit erhöhtem elektrischem Widerstand abgelöst, da die kompakte Form Einsparungen auf dem Gebiet der Kosten, der Arbeitszeit und der Energie ermöglicht. Die Applikationsbeispiele auf diesem Gebiet sind längst noch nicht erschöpft, wenn sich auch bestimmte Grenzwerte für den erreichbaren elektrischen Widerstand abzuzeichnen beginnen. Diese weichmagnetischen Kompaktbauteile sind eine echte Pionierleistung des Zentralinstituts für Festkörperphysik und Werkstofforschung. Erwähnt seien hier noch die sich immer mehr ausweitenden Untersuchungen an amorphen ferromagnetischen Legierungen.

Wegen des außerordentlich großen Umfanges des Gesamtgebietes der Werkstoffe für die Elektrotechnik/Elektronik ist eine thematische Trennung in mehrere Veranstaltungen unumgänglich gewesen. Während das Kolloquium 1970 ausschließlich den Phänomenen der Supraleitung gewidmet war, befaßte sich das letzte Kolloquium im Jahre 1973 mit den Werkstoffen und Bauelementen der Elektronik und des Wissenschaftlichen Gerätebaues. Die heutige Veranstaltung ist nunmehr einem weiteren Teilgebiet, den Werkstoffen der Elektrotechnik, gewidmet. Aber auch sie kann aus der Fülle des Stoffes wiederum nur einen Teil ausblenden; die Entscheidung fiel zunächst auf die Magnetwerkstoffe. Die Behandlung der anderen Werkstoffe der Elektrotechnik soll künftigen Veranstaltungen vorbehalten bleiben.

Die werkstoffwissenschaftlichen und festkörperphysikalischen Probleme, die jetzt vorgetragen und diskutiert werden, wollen Sie bitte als eine Auswahl von Schwerpunktproblemen ansehen, die insbesondere unter dem Blickwinkel der Bereitstellung neuer Werkstoffe zur Bewältigung des Energieproblems in der DDR und zur Erhöhung der Materialökonomie getroffen wurde.

Ich freue mich vor allem, daß die Gemeinsamkeit zwischen Produktion und Wissenschaft durch gemeinsames Auftreten von Vertretern der entsprechenden Industrie und der veranstaltenden Einrichtung der AdW in den Vorträgen unterstrichen wird. Möge uns der Wissens- und Gedankenaustausch ein weiteres gutes Stück des Weges voranbringen. In diesem Sinne erkläre ich das Kolloquium für eröffnet; im Namen des Präsidiums der Akademie der Wissenschaften der DDR wünsche ich der Veranstaltung einen erfolgreichen Verlauf.

Otto Henkel, Roland Wittig, Lothar Michalowski

Dauermagnet-Werkstoffe mit hoher Energiedichte

Nach einleitenden Bemerkungen darüber, was ein Dauermagnet ist und wozu diese Werkstoffe gut sind, soll ein kurzer Ausflug in die Geschichte unternommen und die stürmische Entwicklung im 20. Jahrhundert in den aus heutiger Sicht wichtigsten Etappen angedeutet werden. Am Ende des Vortrages wird versucht, einen Ausblick für die weitere Entwicklung zu geben. Der dazwischenliegende Hauptteil wird sich mit dem Stand der wesentlichsten handelsüblichen Dauermagnet-Werkstoffe sowie solchen, die Produktionsreife erlangt haben und insbesondere für die Elektrotechnik von Bedeutung sind, beschäftigen. Auf den Mikromagnetismus, d. h. die Beschreibung von Magnetisierungszuständen, und Ummagnetisierungsvorgänge soll in diesem Vortrag nicht eingegangen werden, so reizvoll die Beschäftigung damit gerade für die neuartigen Magnetwerkstoffe auch sein mag.

1. Einleitung

Physikalisch gesehen zeichnet sich ein Dauer- oder Permanentmagnet gegenüber anderen ferro- und ferrimagnetischen Werkstoffen dadurch aus, daß nach Abschalten eines hinreichend großen Feldes zur Parallelordnung aller magnetischen Atommomente dieser Zustand weitgehend erhalten bleibt — d. h., pauschal von den Polen ein Feld ausgeht, das im Außenraum wirksam ist — und erst bei Anlegung relativ hoher Gegenfelder eine Veränderung der Magnetisierung eintritt. Diejenige Magnetisierung, die nach Abschalten des Magnetisierungsfeldes vorhanden ist, bezeichnet man als Remanenz-Magnetisierung, die gleich der Remanenz-Induktion ist. Die Gegenfeldstärke, die eine solche Ordnung der magnetischen Atommomente erreicht, daß keine Magnetisierung oder Induktion meßbar ist, nennt man Koerzitivfeldstärke. Dabei ist die Magnetisierungs-Koerzitivfeldstärke immer größer als die Induktions-Koerzitivfeldstärke.

Ein wesentliches Unterscheidungsmerkmal eines Dauermagnet-Werkstoffes im Vergleich zu anderen magnetischen Werkstoffen ist seine Koerzitivfeldstärke, wobei in diesem Vortrag der Dia-, Para-, Meta- und Antiferromagnetismus unberücksichtigt bleiben sollen. Die Koerzitivfeldstärke ist bekanntlich in praktisch technisch benutzten Werkstoffen über fast 8 Größenordnungen variierbar, nämlich von 0,001 bis 100 000 Oe. Zu den Dauermagneten zählt man allgemein diejenigen Magnetwerkstoffe, die eine Koerzitivfeldstärke größer als 100 Oe besitzen. Nach der umfangreichen Anwendung von Dauermagneten in der BMSR-Technik, für deren Einsatz spezielle Kenngrößen relevant sind, nimmt man gern eine weitere Unterteilung in die mit hoher Energiedichte und die sogenannten halbharten Dauermagnet-Werkstoffe vor und erweitert den Koerzitivfeldstärke-Bereich zur Kennzeichnung bis auf etwa 10 Oe herunter.

Zum Verständnis der Energiedichte — des allgemein wichtigsten Kennwertes — ist es angebracht, die Hystereseschleife, d. h. den Zusammenhang zwischen Magnetisierung bzw. Induktion und Feldstärke zu betrachten. Für Dauermagnet-Werkstoffe ist besonders der 2. Quadrant der Hystereseschleife kennzeichnend und wird auch Entmagnetisierungskurve genannt (Abb. 1). Je nach-

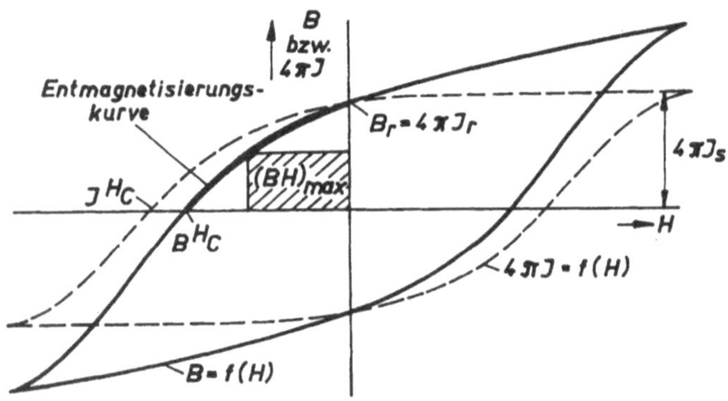

Abb. 1 Kenngrößen von Dauermagneten

dem, ob die Magnetisierung $4\pi J$ oder die Induktion B als Funktion der Feldstärke H aufgetragen wird, ergeben sich unterschiedliche Schleifen mit den bereits genannten Differenzen in der Koerzitivfeldstärke. Für die Verwendung der Dauermagnete ist die Induktions-Koerzitivfeldstärke ${}_BH_c$ von größerer Bedeutung und ist stets gemeint, wenn einfach von der Koerzitivfeldstärke gesprochen wird. Die maximale Energiedichte ist nun der höchste Wert, den das Produkt BH für alle Punkte der Entmagnetisierungskurve annehmen kann. Die besondere Bedeutung des Wertes $(BH)_{max}$ ist daraus abzuleiten, daß diese

Werkstoffe magnetische Felder bereitstellen sollen, die irgendwie zu einer Arbeitsleistung herangezogen werden können. Die magnetische Feldstärke in einem Luftspalt ergibt sich aus der Multiplikation der Gleichung für das Durchflutungs-Gesetz

$$H_M \cdot l_M = H_L \cdot l_L \tag{1}$$

mit der Gleichung für das Gesetz der Konstanz des Flusses in einem magnetischen Kreis

$$B_M q_M = H_L q_L \sigma \tag{2}$$

wobei wegen der Streuung σ hinzugefügt wurde, zu

$$H_L^2 = \frac{H_M B_M l_M q_M}{l_L q_L \sigma} \tag{3}$$

wobei bedeuten:

l_M, q_M	···	Länge bzw. Querschnitt des Magneten
l_L, q_L	···	Länge bzw. Querschnitt des Luftspaltes
H_M, B_M	···	Feldstärke bzw. Induktion im Magneten
H_L, B_L	···	Feldstärke bzw. Induktion im Luftspalt
$B_L = H_L$	···	im c.g.s.-System mit B in Gauß u. H in Oe
σ	···	Streufaktor

Gleichung (3) enthält auf der rechten Seite H_M und B_M als werkstoffbedingte Größe, und man erkennt, daß beim größtmöglichen Wert für $B_M \cdot H_M$, d. h. $(BH)_{max}$ die selbstverständliche Forderung der Technik, die größte Leistung mit dem kleinsten Werkstoffaufwand zu erzielen bzw. das Volumen des Magneten klein zu halten, erfüllt wird.

Für die dynamischen Anwendungen, auch für Haftkraftzwecke, sind die Verhältnisse komplizierter. Es ist nicht nur die maximale Energiedichte maßgebend, sondern zugleich die Koerzitivfeldstärke. Magnete mit hoher Koerzitivfeldstärke sind in diesem Fall geeigneter, weil sich beim Öffnen und Schließen die Rücklaufkurve dann der Entmagnetisierungskurve stärker annähert.

Dauermagnet-Werkstoffe haben in der gesamten Technik eine beachtliche Bedeutung, insbesondere ist die Elektrotechnik und die Elektronik in der heutigen Form ohne diese Werkstoffe kaum denkbar. Erinnert sei nur an Generatoren, Motore oder aber an den Einsatz in Lautsprechern, in der Meß- und Mikrowellentechnik. Diese Werkstoffe finden aber auch Einsatz im Maschinenbau, im Bauwesen, im Gießereiwesen, in der Möbelindustrie, bei der Erzaufbereitung, der geologischen Erkundung, in der Spielwaren- und Uhrenindustrie, in der Vakuum- und Kerntechnik, in der Informationstechnik und selbst in der Medizin. Auf spezielle Anwendungen kann im Rahmen dieses Vortrages nicht eingegangen werden. Zur Repräsentanz soll nur auf ein markantes Einsatzgebiet aufmerksam gemacht werden. Seit einigen Jahren wird intensiv an der Projektierung und Erprobung von Magnet-Schwebe-Zügen gearbeitet. Grundlegendes Prinzip für diese Züge ist die Abstoßkraft, die ein induziertes Schweben ermöglicht (Abb. 2). Die vorgesehenen Anwendungen reichen von Fahrzeugen sehr hoher Geschwindigkeiten — bis etwa 500 km/h, um die vorhandene Lücke zwischen Fahrzeugen, die sich auf der Erde und solchen, die sich in der Luft bewegen, zu überbrücken — über innerstädtische Personen-Transport-

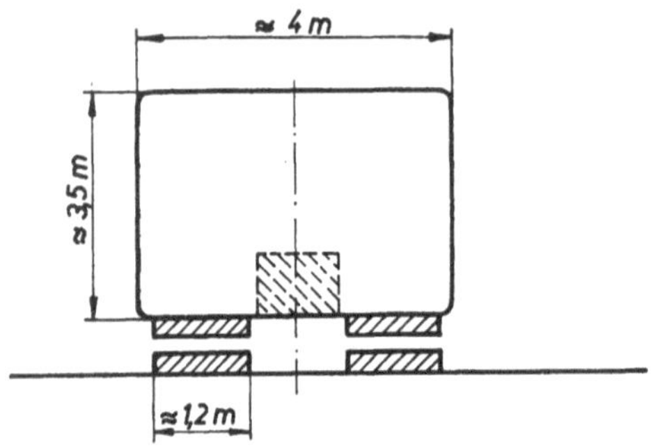

Abb. 2 Prinzip eines Permanentmagnet-Schwebesystems (nach Kämmerer u. Voigt)

strecken, Gütertransportkurzstrecken bis hin zur Kleintransportrationalisierung in den Betrieben. Für die erstgenannten Großprojekte sind vornehmlich supraleitende Magnete in Kombination mit elektrodynamischen und Dauermagneten in der Betrachtung, während bei den letztgenannten eindeutig die Dauermagnete den Vorrang haben. Die wichtigste Frage für die Realisierung der Magnetschwebeverfahren ist nämlich das Problem der Kosten. Sie werden wesentlich bestimmt durch die Optimierung in der Kombination von der Abhebevorrichtung, der Leiteinrichtung und dem Antriebssystem, das sich hier insbesondere durch das Prinzip des Linear-Motors anbietet. Eine der größten Errungenschaften der Technik — die Einführung des Rades — findet seine Fortsetzung im Schweben ohne sich bewegende Fahr- und Antriebsteile unter wesentlicher Verringerung der Reibung, Lärmerzeugung und Umweltverschmutzung.

Neue Perspektiven eröffnen sich auch für Motoren und Generatoren durch den Einsatz der neuartigen Kobalt-Seltenerdmetall-Dauermagnete. Die Bereitstellung von Dauermagneten in Form elastischer, gummiartiger Bänder und Platten oder aber als Pasten für die Siebdrucktechnik eröffnet für viele Industriezweige neue Einsatzgebiete.

2. *Entwicklung der Dauermagnet-Werkstoffe*

Dauermagnete interessierten die Menschen sehr früh und haben ihr Interesse auch im Zeitalter der wissenschaftlich-technischen Revolution erhalten. Eine der ältesten Anwendungen von Dauermagneten ist wohl die stets in die gleiche Himmelsrichtung weisende Magnetnadel [1]. Belegt ist, daß bereits vor der Zeitenwende zweirädrige magnetische Wagen benutzt wurden, wo vor dem Sitz eine an einem Drehpunkt bewegliche kleine Statue mit ausgestrecktem Arm angebracht war, in dem sich eine kleine Magnetstange befand. Ob jedoch schon die ersten sogenannten magnetischen Wagen, wie sie in China etwa 2500 Jahre vor der Zeitrechnung benutzt wurden, sich der magnetischen Grundlage bedienten, wird heute umstritten. Prinzipiell führt nämlich jede Richtungsänderung des Fahrzeuges auf rein mechanischem Wege auch zu einer entgegengesetzt gleich großen Drehung der richtungweisenden Figur gegenüber dem Wagen. Somit wird auch die Figur stets in die gleiche Richtung zeigen.

Trotz der großen Bedeutung der Magnete für Kompaß und abgeleitete Anwendungen sind aber in der älteren Literatur kaum Einzelheiten und keine speziellen Angaben werkstoffwissenschaftlicher Art zu finden. Das ist um so mehr verwunderlich, weil ja insbesondere im Zusammenhang mit der Waffenherstellung für die Eisenverarbeitung und den Einfluß der Zusammensetzung und Behandlung auf die Eigenschaften recht gute Darstellungen bekannt sind. Noch im 18. Jahrhundert hütete der Engländer KNIGHT, einer der bekanntesten Hersteller von Magneten, selbst bei seinen Ausführungen vor der Royal Society seine Geheimnisse. Immerhin wurde auch damals der natürliche Magneteisenstein noch sehr hoch bezahlt. Umgerechnet auf die heutige Kaufkraft kostete zur Zeit von KNIGHT ein Stück von halber Faustgröße 3000 engl. Pfund. Es ist somit gut verständlich, daß KNIGHT bei der Herstellung seiner weit besseren Magnete ein erhebliches Einkommen bezog. Erst nach seinem Tode erfuhr man aus zweiter Hand etwas über seine Arbeitsweise. Berühmt ist sein Gerät zum Aufmagnetisieren, das sein Erbe später der Royal Society schenkte. Es bestand immerhin schon aus 4 Verbund-Magneten mit insgesamt 240 Stäben von je etwa 3 cm^2 Querschnitt. Geschichtlich interessant ist noch, daß dieses Gerät in einer als Hufeisen später umgebauten Form FARADAY 1831 zu seinen bekannten Versuchen zur magnetisch-elektrischen Wechselwirkung diente. Diese Versuche von FARADAY bildeten bekanntlich einen gewissen Abschluß der zu Beginn des 19. Jahrhunderts lawinenartig einsetzenden Untersuchungen auf diesem Gebiet, an denen sich so bekannte Wissenschaftler wie OERSTED, ARAGO, GAY-LUSSAC und AMPERE beteiligten. Bestechend in den Arbeiten ist die Beweglichkeit der Wissenschaftler, selbst gemessen an unserer so schnellebigen Gegenwart, wenn man bedenkt, daß

– bereits 1 Woche nachdem OERSTED in Dänemark die Abhandlungen seiner so lange geheimgehaltenen Ergebnisse versandt hatte, sein Versuch vor einer Naturforscher-Tagung in Genf von DE LA RIVE vorgeführt wurde oder

– ARAGO am 1. September 1820 in der Pariser Akademie bei seinem Vortrag das Interesse AMPERES erweckte und dieser sofort wöchentlich ab 18. September bis November über die Ergebnisse seiner berühmt gewordenen Versuche in der Klasse berichtete.

Mit den angedeuteten Arbeiten dieses wohl wichtigsten Zeitabschnittes in der Geschichte des Magnetismus war aber zugleich der Ausgangspunkt für den 1825 von SURGEON gebauten Elektromagneten gegeben, durch den das Interesse an Dauermagneten stark herabgemindert wurde. Es setzte wissenschaftlich nun die atomistische Deutung ein, die bekanntlich bis heute nicht abgeschlossen ist.

Werkstoffwissenschaftliche Fortschritte gab es seit KNIGHT bis zur Jahrhundertwende nicht. Nach wie vor wurde gehärteter Stahl, d. h. Eisen mit etwa 1% C eingesetzt, womit eine Koerzitivfeldstärke von etwa 50 Oe zu erreichen war. Der Stahl wurde üblicherweise gehärtet, und die hierbei auftretende Austenit-Martensit-Umwandlung führt zu beachtlichen inneren Spannungen, die das Dauermagnet-Verhalten verursachen. Von 1900 bis etwa 1930 war die Forschung auf dem Gebiet der magnetischen Stähle zur Verbesserung der Eigenschaften dann recht bewegt. Da aber kein ausreichender werkstoffwissenschaftlicher und festkörperphysikalischer Vorlauf zur Befriedigung der Forderungen der Technik vorhanden war, ist die relativ lang anhaltende und aus heutiger Sicht einseitige Beschäftigung mit der Verbesserung der Stähle verständlich. Ab etwa 1910 wurde Wolfram-legierter Magnetstahl hergestellt. Während des zweiten Weltkrieges wurde zur Substitution des Wolframs der Chrom-legierte Magnetstahl entwickelt, und ab 1920 waren die wesentlich verbesserten Kobalt-legierten Stähle erhältlich. Ein gewisser Abschluß war durch die hochlegierten Kobalt-Wolfram- und Kobalt-Molybdän-Stähle gegeben, wo immerhin bereits Koerzitivfeldstärken bis 250 Oe erreicht wurden. Allerdings überschritt die maximale Energiedichte nicht den Wert von 1 MGOe, und die Kosten dieser Stähle waren durch den beachtlich hohen Kobalt- und Molybdängehalt entsprechend hoch. Hinzu kam, daß die Herstellung und Härtung sehr kompliziert und die Alterung und Temperaturabhängigkeit wenig günstig waren. Nachteilig waren auch die „Glashärte“ und die starke Neigung zur Rißbildung.

Die moderne Entwicklung der Dauermagnete wurde durch die Beobachtung eingeleitet, daß neben der bis dahin zur magnetischen Härtung benutzten Gefügeumwandlung auch die Ausscheidungshärtung zu hohen Werten der Koerzitivfeldstärke führt. Diese Entdeckung hat außerordentlich befruchtend auf die Weiterentwicklung der Dauermagnete gewirkt. Allerdings wurden die Alni-

Magnete, die der Ausgangspunkt für die noch heute so bekannten Alnico-Magnete sind, von dem Japaner MISHIMA [2] empirisch gefunden zu einer Zeit, als besonders in Deutschland die Suche nach besonders wirksamen Ausscheidungsvorgängen zwecks Erhöhung der Koerzitivfeldstärke durchgeführt wurde. In Abb. 3 ist über den Jahreszahlen die maximale Energiedichte aufgetragen. Die

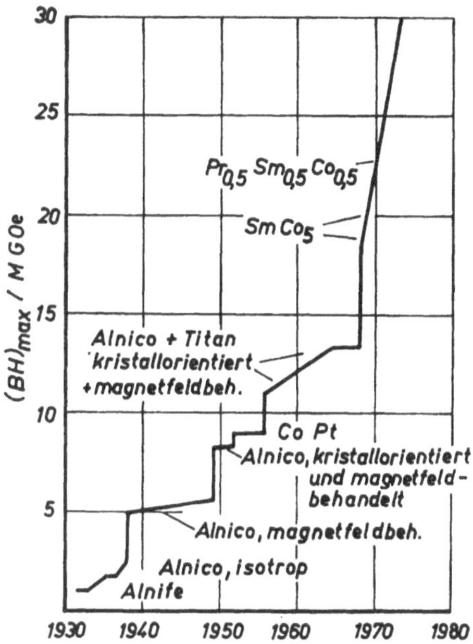

Abb. 3 $(BH)_{max}$-Werte von Dauermagneten

von MISHIMA gefundenen Al-Ni-Fe-Magnete bilden den Ausgang. Diese Legierungen wurden dann durch Zusatz von Kobalt weiterentwickelt und führten über die Etappen von 5 und 8 MGOe zu Werkstoffen, die heute noch eine bedeutende Rolle in der Technik spielen. Durch Zusatz von Titan wurde labormäßig ein gewisser Grenzwert dieses Dauermagnet-Typs von 13,4 MGOe erreicht. Es war damit in Fachkreisen der Eindruck entstanden, als ob nach der vorbereitenden Phase von 1900 bis 1930 innerhalb der Zeit von 1930 bis 1965 eine s-förmige Entwicklungslinie durchlaufen wäre. Bekanntlich wird dann im oberen Teil jeder weitere Fortschritt mit einem immer höheren Aufwand erkauft und die weitere Beschäftigung auf diesem Gebiet immer fraglicher. Dieser Zustand war etwa Mitte der 60er Jahre bzgl. der Zusammensetzung dieser Legierungen erreicht, und eine weitere Verbesserung dieser Magnete mit sogenannten Einbereichsteilchenkollektiven wurde in der gezielten Veränderung der Wechselwirkung dieser Teilchen untereinander gesehen. Während in vielen Laboratorien der Mikromagnetismus der bekannten Dauermagnet-Werkstoffe weitgehend geklärt wurde, bereitete sich in Laboratorien der Weltraumforschung eine neue Dauermagnet-Entwicklung vor, die allerdings grundlagenmäßig werkstoffwissenschaftlich vorbereitet war. Diese neue Periode begann mit systematischen Untersuchungen an Kobalt-Seltenerdmetall-Verbindungen. Für viele Anwendungen, wo große Felder auf kleinstem Raum benötigt werden, leistete man sich zunächst den Einsatz der höchst teuren Kobalt-Platin-Magnete. Unverbürgt, aber sehr wahrscheinlich ist, daß es darum ging, das Platin in den Kobalt-Platin-Magneten zu ersetzen. Die Rohstoff-Verfügbarkeit kann besonders bei strategisch wichtigen Projekten entscheidend sein.

Innerhalb weniger Jahre konnten mit Kobalt-Seltenerdmetall-Magneten $(BH)_{max}$-Werte von etwa 30 MGOe erreicht werden. Die Werkstoffentwicklung ist jetzt voll im Fluß, während die Mikromagnetik dieser intermetallischen Phasen noch weitgehend ungeklärt ist. Trotz großer Bemühungen seitens der Physik bleibt weiterhin das Verständnis der sich abspielenden Vorgänge weitgehend hinter der technischen Entwicklung dieser Magnete zurück. Ob ein Rückfall in die Empirie-Zeit der Werkstofforschung vorliegt oder ob wir uns noch empfindlich im Übergangsgebiet befinden, wo die Wissenschaft der Produktion voraus ist bzw. umgekehrt, kann sicher erst nach einem größeren Abstand genügend solide eingeschätzt werden.

Der gegenwärtige Rekordhalter dürfte ein im Uraler Institut für Physik der Metalle von einem Kollektiv unter Leitung von kM der Akademie der Wissenschaften der UdSSR, Shur, entwickelter Samarium-Kobalt-Magnet sein, der in Größe einer kleinen Münze mit einem Eigengewicht von 1 g ein Gewicht von 2 kg halten kann. Es verdient sicher Bewunderung, daß dieser Magnet das 2000fache seines Eigengewichts zu tragen vermag. Aus der Geschichte ist bekannt, daß Newton zu seiner Zeit mit seinem als Fingerring gefaßten Magneten, der das 250fache seines Eigengewichts anzog, auch bereits einen gewissen Rekord hielt.

3. Magnetwerkstoffe hoher Energiedichte von besonderer technischer Bedeutung

Im folgenden sollen diejenigen Dauermagnete mit hoher Energiedichte eingehender besprochen werden, die für die Elektrotechnik der DDR die größte praktische Bedeutung haben. Es sind dies die bereits erwähnten Alnico-Legierungen und die Ferritmagnete sowie die intermetallischen Kobalt-Seltenerdmetall-Verbindungen. Es wird auf die Besprechung der Kobalt-Platin-Legierungen, der sogenannten ESD-Magnete, eutektisch erstarrter Legierungen sowie der verformbaren Eisen-Nickel-Kupfer-, Nickel-Kupfer-Kobalt-, Eisen-Kobalt-Molybdän-, Eisen-Kobalt-Wolfram- und Eisen-Kobalt-Vanadin-Legierungen verzichtet. Die letztgenannten Magnete, als Vicalloy bekannt, und die Kobalt-Platin-Magnete werden auch in der DDR für spezielle Einsatzgebiete hergestellt. Wenn sie im folgenden nicht ausführlich behandelt werden, darf nicht der Schluß gezogen werden, daß sich damit ihre technische Bedeutung wesentlich verändert. Unbehandelt bleiben sollen in diesem Rahmen ebenfalls die speziellen hartmagnetischen Werkstoffe, wie sie für die Informationsspeicherung eingesetzt werden.

3.1. Alnico-Magnete

In den dreißiger Jahren wurde eine größere Zahl von verschiedenen Dauermagnet-Werkstoffen aufgefunden. Die weitere Entwicklung ging aber ganz besonders in einem Legierungssystem steil aufwärts, und zwar bei den Fe-Ni-Al-Legierungen, die durch Zusatz von Kobalt zu den Alnico-Legierungen weiterentwickelt wurden.

Der Zusatz von Kobalt war der erste konsequente Schritt zur Verbesserung der magnetischen Eigenschaften, der auch von Erfolg begleitet war und in der Absicht einer Erhöhung der Sättigungsmagnetisierung vorgenommen wurde. Die Anregung kam daher, daß im System Fe-Co die höchsten Werte der Sättigungsmagnetisierung bei etwa 40% Kobalt-Anteil auftreten.

Die nächste Stufe der Weiterentwicklung ergab sich durch Einführung der Magnetfeld-Abkühlung, die zuerst von Oliver und Shedden [3] angewendet wurde. Nach Steigerung der Energiedichte um zunächst nur etwa 10% konnte nach Änderung der Zusammensetzung, die zu einer Standard-Legierung mit 24% Co führte, der Energiedichte-Wert von 1,6 MGOe auf 5 MGOe erhöht werden. Die hierbei erzeugte magnetische Vorzugsrichtung läßt sich dadurch erklären, daß beim Abkühlen unter angelegtem Magnetfeld die Gefügebestandteile nicht mehr willkürlich in allen möglichen kristallographischen Richtungen wachsen, sondern nur noch in denjenigen, die in jedem Kristallit den kleinsten Winkel mit der Feldrichtung bilden. Die Gefügebestandteile sind längliche Gebilde, wie aus der Abb. 4, links, hervorgeht. Theoretisch läßt sich der unter Magnetfeldeinwirkung erfolgende Zerfall der Phasen durch das Konzept der spinodalen Entmischung [4] erklären. Danach wird durch das Magnetfeld aus energetischen Gründen die Konzentrationsschwankung parallel zum Feld unterdrückt. Die spinodale Entmischung geht ohne jegliche Aktivierung vonstatten. Die beobachtete Mikrostruktur entspricht daher schon verhältnismäßig späten

Zuständen der Phasentrennung. Der Hauptteil der Magnetfeld-Wärmebehandlung ist demzufolge als ein Vergröberungsprozeß zu verstehen. Die Magnetfeldwärmebehandlung wird in praxi so gesteuert, daß die Abmessungen der Teilchen mit der Einbereichsgröße weitgehend übereinstimmen. Eine zweistufige Anlaßbehandlung optimiert auch die Phasenzusammensetzungen. Auf diese Weise erhöht sich die Magnetisierungsdifferenz der beiden Phasen und damit

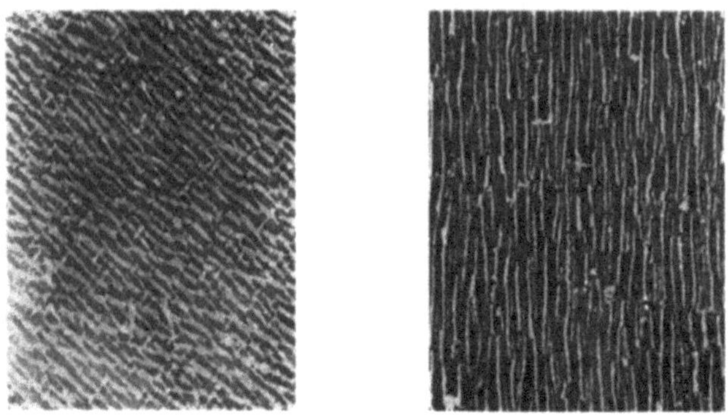

Abb. 4 Elektronenoptische Aufnahmen von Al-Ni-Co (nach K. J. de Vos)

auch die Koerzitivfeldstärke. Die Abbildung rechts zeigt das Mikrogefüge eines Alnico-Werkstoffes, dem 5% Titan zugesetzt wurde. Für diesen Werkstoff ist die Koerzitivfeldstärke wesentlich höher, wobei die Hauptursache aus der Abbildung klar hervorgeht: Eine wesentlich höhere Formanisotropie durch die größere Länge der Gefügebestandteile.

Eine weitere Steigerung der magnetischen Werte trat ein, nachdem es gelungen war, eine Kristallorientierung in Alnico-Magneten zu erzeugen [5]. Die Verbesserung der magnetischen Eigenschaften kommt dadurch zustande, daß durch Ausrichtung der Würfelkante der kubischen Kristallite parallel zur Gebrauchsrichtung der Magnete auch die langgestreckten Gefügebestandteile parallel ausgerichtet werden. Zur Erzeugung der Kristallorientierung gibt es verschiedene Möglichkeiten. Man kann z. B. Methoden, die zur Einkristallherstellung dienen, anwenden. Mittels eines abgewandelten Bridgman-Verfahrens oder durch Zonenschmelzen werden in der Praxis Alnico-Magnete mit Kristallorientierung hergestellt. Günstig ist auch das Gußverfahren. Durch Abgießen der Schmelze in heiße Formen, die mit ihrer offenen Unterseite auf Abschreckplatten stehen, erhält man Gußstücke mit Stengelkristallen, wie Abb. 5 zeigt. Außer dem Gefüge einer Standard-Legierung ist auch das einer titanhaltigen

Legierung wiedergegeben. Man sieht, daß in diesem Fall die Stengelkristalle viel feiner sind. Dies rührt von der kornverfeinernden Wirkung des Titans her. Die Wirkung des Titans geht so weit, daß beim Abgießen auf Abschreckplatten ein globulitisches Gefüge entsteht — mittlere Gefügeaufnahme in Abb. 5. Das Stengelkristallgefüge auf der Aufnahme rechts erhält man nur durch Anwendung besonderer Maßnahmen, und zwar durch Zusatz eines oder mehrerer der

Standard-legierung kristallorientiert	Al Ni Co +5% Ti isotrop.	Al Ni Co + 5% Ti kristallorientiert

Abb. 5 Makrostruktur von Al-Ni-Co-Magneten

Tabelle 1

Eigenschaften von Al-Ni-Co-Legierungen

		Zusammensetzung in Masse-% Co	Ni	Al	Cu	Ti	B_r / G	H_c / Oe	$(BH)_{max}$ / MGOe
Al-Ni-Fe	isotrop		27	13			7 000	470	1,3
Al-Ni-Co	MF	24	14	8	3		12 400	640	5 · · · 5,5
Al-Ni-Co	ko + MF	24	14	8	3		13 000	740	7 · · · 8
Al-Ni-Co + Ti	isotrop	28	15	7	5	8	6 000	1050	2 · · · 2,2
Al-Ni-Co + Ti	MF	34	14,5	7	4	5	8 000	1400	5
Al-Ni-Co + Ti	MF	38	14	7	3	8	8 300	2000	5 · · · 7
Al-Ni-Co + Ti	ko + MF	34	14,5	7	3	5	10 500	1400	8 · · · 13
Al-Ni-Co + Ti	ko + MF	38	14	7	3	7	9 400	1900	9 · · · 11

ko = kristallorientiert
MF = Wärmebehandlung im Magnetfeld

Elemente S, Se, Te, Bi, Pb, Ce in genau abgestimmten Mengen von einigen Zehntel Masse-% [6], [7]. Wenn der Gehalt an Titan auf 7 bis 8% erhöht wird, versagen die meisten der genannten Zusatzelemente, und es konnte eine Stengelkristallbildung nur noch durch Anwendung von Te, Te + S oder S + C erreicht werden [8], [9].

Die magnetischen Eigenschaften der im Zuge der geschilderten Entwicklung erhaltenen Werkstoffe zeigt Tab. 1. In den ersten drei Zeilen sind die Werte der Titan-freien Legierungen angeführt. Der isotrope kobaltfreie Werkstoff wird heutzutage noch produziert; er wird benötigt für Anwendungen, in denen die Magnete eine solche Form haben, daß eine Magnetfeldausrichtung technisch nicht durchführbar ist. Bei höheren Ansprüchen in solchen Fällen kann der isotrope titanhaltige Werkstoff (4. Zeile) verwendet werden, der sich aber in der Praxis nur wenig eingebürgert hat, obwohl $(BH)_{max} = 2$ MGOe doppelt so groß wie bei AlNiFe und auch H_c wesentlich günstiger ist. Labormäßig wurde für diesen Werkstofftyp bereits eine maximale Energiedichte von 2,8 MGOe erreicht [10].

Das magnetfeldabgekühlte, titanfreie Alnico (regellos kristallisiert) ist vermutlich die am meisten verwendete Alnico-Sorte. Sie zeichnet sich — 2. Zeile — durch eine hohe Remanenz im Durchschnitt von 12 400 G und einen beachtlichen Wert der maximalen Energiedichte von rd. 5 MGOe aus. Sie war von etwa 1940 bis 1950 die Spitzenqualität aller damals bekannten Dauermagnetwerkstoffe.

Die kristallorientierte Sorte — 3. Zeile — ist heute auch im Produktionsangebot jedes Gußmagnete herstellenden Werkes zu finden. Beachtlich ist die auf 7 bis 8 MGOe gesteigerte maximale Energiedichte. Dieser Werkstoff ist allerdings auf gerade prismatische Form der Magnete beschränkt, während bei den magnetfeldbehandelten Magneten ohne Kristallorientierung in gewissem Umfang auch gekrümmte Vorzugsrichtungen erzeugt werden können.

Die Werte der Koerzitivfeldstärke von 640 Oe bzw. 740 Oe sind für verschiedene Anwendungszwecke zu niedrig. Es sollte beachtet werden, daß es zwei Alnico-Sorten gibt, mit 5% Ti und mit 7 bis 8% Ti, die Koerzitivfeldstärke-Werte um 1400 Oe und 2000 Oe aufweisen, siehe Zeilen 5 und 6. Im regellos kristallisierten Zustand weisen diese Werkstoffe auch $(BH)_{max}$ um 5 MGOe auf; zu erwähnen ist die jüngste Entwicklung von Bronner und Mitarbeitern [11] auf diesem Gebiet, die für Legierungen mit 7 bis 8% Titan den auf der 6. Zeile vermerkten Spitzenwert von 7 MGOe erreichten durch Zusatz von Niob und eine besondere Wärmebehandlung.

Bei den titanhaltigen Alnico-Magneten ergibt sich im kristallorientierten Zustand eine Erhöhung der Remanenz auf Werte zwischen 9000 und 11 000 G und eine Steigerung der maximalen Energiedichte. Im Produktionsmaßstab sind Werte über 9 MGOe zu erreichen; als Laborspitzenwerte wurden genannt

für hochtitanhaltige Magnete	$(BH)_{max} = 12{,}2$ MGOe	[9]
und für Magnete mit mittlerem Titangehalt	$(BH)_{max} = 13{,}4$ MGOe	[12].

Um die genannten magnetischen Werte zu erzielen, sind bei den titanhaltigen Magneten noch besondere Maßnahmen erforderlich. Anstelle der Magnetfeldabkühlung wird eine Wärmebehandlung unter angelegtem Magnetfeld bei konstanter Temperatur vorgenommen, sogenannte isotherme Magnetfeldbehandlung, bei etwa 800 °C. Außerdem ist bei allen Alnico-Legierungen noch eine zwei- bis dreistufige Anlaßbehandlung bei Temperaturen unter 650 °C erforderlich.

Alnico-Magnete werden auch sintertechnisch hergestellt, jedoch sind auf diese Weise die kristallorientierten Magnete überhaupt nicht zu erzeugen und für die übrigen Magnetsorten sind die Eigenschaften der Gußmagnete nicht oder nur sehr schwierig zu ereichen. Die Sintertechnik kann für Alnico-Magnete dann von Bedeutung sein, wenn sehr große Mengen von sehr kleinen Magneten benötigt werden. Ein weiterer Vorteil ist die Möglichkeit der Weicheisen-Ansinterung, während bei Gußmagneten wegen der schlechten Bearbeitbarkeit und der schlechten Lötfähigkeit die Befestigungsfrage oft ein besonderes Problem ist.

Titanhaltige Magnete werden in der DDR nur in geringem Umfang verwendet, soweit uns bekannt ist. Dies ist dadurch bedingt, daß die elektrotechnische Industrie gegenüber diesen Magneten zurückhaltend ist und die Hersteller sich scheuen, das Risiko einzugehen, komplizierte Anlagen für die isotherme Behandlung aufzubauen, ohne daß ihr Absatz gesichert ist.

3.2. Hartmagnetische Ferrite

1952 wurde eine neue Art Dauermagnet-Werkstoff bekannt: Bariumferrit [13]. Vorher kannte man bereits weichmagnetische Ferrite. Oxidverbindungen der Formel $MeO \cdot Fe_2O_3$ mit Me als zweiwertigem Metall (z. B. Ni, Mn, Zn) hatten bemerkenswerte magnetische Eigenschaften, hohe Permeabilität, niedrige Verluste, und erwiesen sich nützlich in technischen Anwendungen. Sie kristallisierten im Spinellgitter und hatten daher kubische Struktur.

Durch Ersatz der genannten zweiwertigen Metalle durch solche mit stark abweichendem Ionenradius und Änderung des Eisenoxidanteils wurde ein Ferrit mit hexagonaler Struktur $BaO \cdot 6\,Fe_2O_3$ bzw. $Ba\,Fe_{12}O_{19}$ gefunden. Sein Kristallaufbau stimmt mit dem Magnetoplumbit überein. 3wertige Eisenionen sind über Sauerstoffbrücken antiferromagnetisch gekoppelt und befinden sich auf 5 nicht äquivalenten Gitterplätzen, so daß 5 Untergitter entstehen. Infolge der teilweisen Kompensation der magnetischen Momente der Eisenionen ist die Sättigungsmagnetisierung bei Raumtemperatur relativ klein. Die Struktur zeichnet sich aber durch eine hohe Kristallanisotropie aus, die zu hoher Koerzitivfeldstärke führt. Durch Substitution von BaO durch SrO erhält man Magnete mit noch höherer Koerzitivfeldstärke [14]. Die Substitution 3wertiger Eisenionen durch Gallium-, Aluminium- und Manganionen führt zu einer Verringerung des magnetischen Momentes und damit zu einer Erhöhung der Koerzitivfeldstärke. Auf diese Weise ist es möglich, die Koerzitivfeldstärke von Ferriten mit Magnetoplumbitstruktur von 1500 bis 6000 Oe zu variieren.

Die Herstellung der Magnete geschieht folgendermaßen:

Mischen der Ausgangsstoffe, Eisenoxid und Bariumkarbonat, wobei die Verwendung von billigem Eisenoxid angestrebt wird.
Vorsintern bei Temperaturen um 1100 °C. Hierbei bildet sich aus den Ausgangsstoffen der Ferrit.
Mahlen des Reaktionsproduktes der Vorsinterung auf kleine Teilchengröße, möglichst zwischen 1 und 5 μm, z. B. in Kugelmühlen.
Pressen des Pulvers, meistens in Form von Granulat in Metallpulver- oder Kunststoffpressen zu Formkörpern. Eine andere Möglichkeit ist das Verpressen der Pulver unter Einwirkung eines Magnetfeldes. In diesem Fall ergeben sich kristallorientierte Formkörper; man verwendet vorzugsweise das Naßpreßverfahren, damit die Teilchen ausreichend beweglich sind und durch das Magnetfeld in die gewünschte Richtung gedreht werden können. Weitere Probleme sind: Unmagnetische Preßform, Abführen der überschüssigen Flüssigkeiten beim Pressen.
Sintern bei Temperaturen zwischen 1100 und 1300 °C, was zur Erhöhung der Dichte und zur Erzielung ausreichender mechanischer Festigkeit führt. Ein zu starkes Kornwachstum ist zu vermeiden, da dann die Koerzitivfeldstärke wieder abnimmt.
Nachbearbeitung erfolgt durch Schleifen, falls eine hohe Maßgenauigkeit gefordert wird.
Das Aufmagnetisieren ist bei den Oxidmagneten von Bedeutung. Es ist mehrpolige Aufmagnetisierung möglich oder streifenförmige, wodurch u. U. bessere Haftwirkungen zu erzielen sind.

Die magnetischen Eigenschaften sind in Tab. 2 zusammengestellt. Der isotrope Werkstoff hat trotz der niedrigen Remanenz dank hoher Koerzitivfeldstärke einen $(BH)_{max}$-Wert von etwa 1 MGOe. Der anisotrope Werkstoff, dessen Herstellung beim Pressen besprochen wurde, erreicht $(BH)_{max} = 3$ MGOe.

Weiterhin sind zwei Sorten anisotrope Ferrite aufgeführt, bei denen Barium durch Strontium ersetzt ist. Diese warten mit hohen Koerzitivfeldstärkewerten von 2000 bzw. 3000 Oe und auf 3,5 MGOe erhöhter max. Energiedichte auf.

Tabelle 2

Eigenschaften von hartmagnetischen Ferriten

	$\frac{B_r}{G}$	$\frac{_BH_C}{Oe}$	$\frac{(BH)_{max}}{MGOe}$
Ba-Ferrit, isotrop	2100	1800	1
Ba-Ferrit, isotrop, plastgebunden	1000	2000	0,6 · · · 0,8
Ba-Ferrit, magnetfeldgepreßt	3600	2100	3
Sr-Ferrit, magnetfeldgepreßt, remanenzbetont	3800	2000	3,5
Sr-Ferrit, magnetfeldgepreßt, koerzitivfeldstärkebetont	3600	3000	3,5

Die flach verlaufende Entmagnetisierungskurve der Ferrit-Magnete mit ihrer sehr hohen Koerzitivfeldstärke ist sehr günstig für dynamische und Haftanwendungen. Man kann durch geschickte Verwendung von Flußleitstücken sehr gute Wirkungen erzielen.

Neben den bereits beschriebenen Technologien gewinnt die Herstellung von plastgebundenen Oxidmagneten zunehmend an Bedeutung. Diese Werkstoffe, die hauptsächlich in Form von Haftmagneten und Schließmagneten Verwendung finden, zeichnen sich durch eine hohe Elastizität, hohe Formbeständigkeit und einfache Nachbearbeitung aus. Beim Einsatz von in Gummi eingelagertem Dauermagnetferrit mit Textur wird gegenüber dem isotropen Material eine Verdoppelung der Haftkraft erreicht. Darüber hinaus kann die Verwendung dieser Gummimagneten mit Textur in kleineren Dynamos und Gleichstrommotoren große technologische und ökonomische Vorteile bringen. Unter den vielen Anwendungen dieses preisgünstigen und leicht zu verarbeitenden Magneten wird auch die Möglichkeit der Verwendung als magnetischer Reißverschluß in der Bekleidungsindustrie gesehen.

Ferritmagnete haben ganz allgemein in den letzten 15 Jahren wegen des günstigen Rohstoffeinsatzes und Preises eine weite Verbreitung gefunden und stellen heute etwa die Hälfte der Dauermagnet-Produktion.

3.3. Seltenerdmetall-Kobalt-Verbindungen

Die Seltenerdmetall-Kobalt-Magnete sind die erfolgreichsten jüngeren Entwicklungen auf dem Gebiet der Dauermagnet-Werkstoffe. Ihre Bedeutung und

Produktionsreife sind nunmehr unbestritten. Sie dürften sich neben den Alnico-Magneten und ferritischen Dauermagneten einen ständigen Platz im Dauermagnet-Sortiment gesichert haben. Die Weiterentwicklung ist jedoch noch im Fluß, und solide Abschätzungen des zu erreichenden Endstandes sind gewagt.

Zu den Seltenerdmetallen zählt man die Elemente mit den Ordnungszahlen 57 bis 71 (Lanthan bis Lutetium) und zusätzlich das Yttrium mit der Ordnungszahl 39. Ihr magnetisches Moment rührt von der nicht aufgefüllten 4f-Schale her. Mit den 3d-Übergangsmetallen können sie intermetallische Verbindungen bilden, die teilweise beachtlich hohe Sättigungsmagnetisierungen besitzen.

Nach ersten Mitteilungen über Grundgrößen an Seltenerdmetall-Kobalt-Verbindungen (im folgenden als R-Co-Verbindungen bezeichet) wurde postuliert, daß diese hochwertige Dauermagnetwerkstoffe abgeben müßten [15]. Nach dieser Voraussage setzten umfangreiche experimentelle Arbeiten ein, deren erste Ergebnisse aber enttäuschend waren. Die erhaltenen maximalen Energiedichten von 5 bzw. 8 MGOe für $SmCo_5$ waren noch sehr weit von den theoretisch möglichen Werten entfernt. Man vertraute jedoch der Hypothese und arbeitete — wie eingangs angedeutet — angestrengt weiter.

Es wurden verschiedene Herstellungsweisen verfolgt:

1. Pulvermetallurgische Herstellung.
2. Schmelzmetallurgische Herstellung mit anschließender Umwandlung im festen Zustand.
3. Kombination der Methode 2 mit Methode 1.
4. Katodenzerstäubung (Sputtering).
5. Plasmaspritzen.

Die besten Ergebnisse wurden bisher mit der pulvermetallurgischen Herstellungsweise erreicht. Hierbei sind folgende Arbeitsgänge erforderlich:

Die Herstellung des Werkstoffes wird im allgemeinen durch Schmelzen der Legierung vorgenommen. Das Tiegelmaterial darf keine Reaktionen mit der Schmelze eingehen. Unter Anwendung von Schutzgas wird in sehr reinen rekristallisierten Al_2O_3-Tiegeln geschmolzen und homogenisiert. Das Sintern von pulverförmigen Ausgangsstoffen ist unter ähnlichen Vorsichtsmaßnahmen auch möglich.

Das Pulverisieren erfolgt durch Grobzerkleinerung (z. B. in Backenbrechern) und Feinzerkleinerung in Kugelmühlen oder ähnlichen Mahleinrichtungen unter Schutzgas oder in einer geeigneten Flüssigkeit zur Vermeidung der Pyrophorität. Die Pulvernachbehandlung erfolgt durch eine Wärmebehandlung, bei der die Spannungen abgebaut oder Fehlstellen ausgeheilt werden, die beim Mahlen entstanden sind, und/oder durch Ätzen der Pulver zur Beseitigung magnetisch schlechter Oberflächenschichten.

Das Pulverausrichten erfolgt wie bei den Ferriten durch ein angelegtes äußeres Magnetfeld beim Pressen der Pulver, da die höchsten magnetischen Werte nur in vorzugsgerichteten Magneten zu erhalten sind. Ein besonderes Problem ist die Erzeugung der erforderlich hohen Felder, etwa 60 kOe, die wegen der extrem hohen Kristallanisotropie benötigt werden.
Das Nachverdichten — Nachpressen oder Sintern — bringt die erforderliche Dichte, da die beim Pressen unter Einwirkung des Magnetfeldes erzielte Verdichtung gewöhnlich noch nicht zu magnetischen Spitzenwerten führt.
Die Schlußwärmebehandlung dient zur Erzeugung des optimalen Werkstoffzustandes, der zu den magnetischen Spitzenwerten führt.

Bei der Herstellung der intermetallischen R-Co-Verbindungen in Form von Gußmagneten wurde versucht, eine als notwendig erachtete Trennung der hartmagnetischen Phase in kleine Teilchen in Analogie zu den Alnico-Legierungen durch spinodalen Zerfall zu bewerkstelligen. Dazu wurde Kupfer hinzugefügt, und man erhielt eine $Sm(Co_{1-x}Cu_x)_5$-Legierung, wobei Sm noch teilweise durch andere Seltenerdmetalle ersetzt werden kann. Nach dem Abschrecken entsteht eine übersättigte Lösung, die nach einem Anlassen in ein feindisperses Zweiphasengefüge zerfällt (RCo_5 und RCu_5).

Bei der dritten Herstellungsweise geht man von Legierungen mit Kupferzusatz aus, pulverisiert aber den erhaltenen Werkstoff und verarbeitet diesen dann wie unter 1, d. h. pulvermetallurgisch weiter, wobei der entscheidende Schritt hierbei die Magnetfeldausrichtung des $R(Co, Cu)_5$-Pulvers ist.

Die Katodenzerstäubung hat den Vorteil, daß die bei der pulvermetallurgischen Herstellung notwendigen umständlichen und aufwendigen Arbeitsstufen Pulverisieren, Pressen, Sintern eingespart werden. Zur Zeit besteht aber noch die wesentliche Einschränkung, daß die Erzeugung eines kristallorientierten Gefüges nicht möglich ist.

Beim Plasmaspritzen kann man die gleichen Vor- und Nachteile wie beim Katodenzerstäuben anführen, wenn auch in diesem Fall die Technik des Werkstoffaufbringens auf die Unterlage anders ist.

Welche magnetischen Eigenschaften konnten nun mit RCo-Magneten erreicht werden? 1970 veröffentlichten Benz und Martin [16] erstmalig Werte von $(BH)_{max} > 20$ MGOe, 1971/72 von 26 MGOe, die sie durch den Übergang auf $Pr_{0,5}Sm_{0,5}Co_5$ erreichten. Aus dem Jahre 1973 stammen 2 Veröffentlichungen, in denen $(BH)_{max} = 30$ MGOe für $SmCo_5$ genannt werden [17], 18], wobei Searle u. a. dieses Ergebnis durch Nachbehandlung der Proben mittels elektrolytischen Polierens erreichten. An $NdCo_5$ wurden bei Raumtemperatur 39 MGOe und bei 4 K sogar 50 MGOe bei gleicher Nachbehandlung erreicht. Diese Nachbehandlung mit anschließendem Oberflächenschutz scheint angebracht zu sein, weil eine oberflächliche Oxydation auf Grund des Mikromagnetismus dieser intermetallischen Verbindungen zu einer starken Erniedrigung der Keimbildungsfeldstärke und damit auch der Koerzitivfeldstärke führt.

Die nach den anderen Verfahren erhaltenen Ergebnisse bleiben demgegenüber weit zurück:

Für Gußmagnete mit Cu-Zusatz fand man bisher als Höchstwert der max. Energiedichte 12,3 MGOe [19].

Mittels Sputtering wurde $(BH)_{max} = 12$ MGOe für $Sm_2(Co, Fe)_{17}$ erreicht [20].

Für durch Plasmaspritzen hergestellte Proben wird $(BH)_{max} = 9$ MGOe angegeben [21].

Ein überraschend günstiges Ergebnis teilten Harafumi Senno und Yoshio Tawara [22] mit, und zwar $(BH)_{max} = 20$ MGOe für kupferhaltige R-Co-Legierungen, die nach Pulverisieren unter der Einwirkung eines Magnetfeldes gepreßt und gesintert wurden.

Nach diesen Darlegungen über den gegenwärtigen Stand ist einzuschätzen, daß unter sorgfältigen Produktionsbedignungen R-Co-Magnete mit max. Energiedichte von mindestens 20 MGOe herzustellen sein müßten, wobei aber nicht verkannt werden darf, daß dazu ein komplizierter technischer Aufwand erforderlich ist und erhebliche technische Schwierigkeiten zu überwinden sind.

Die Entmagnetisierungskurve für $SmCo_5$ mit $(BH)_{max} = 20$ MGOe ist in Abb. 6 dargestellt. Die Remanenz beträgt 9000 G und die Koerzitivfeldstärke 8500 Oe. Zum Vergleich sind die Entmagnetisierungskurven von Alnico, Platin-Kobalt, Barium- und Strontium-Ferrit mit dargestellt.

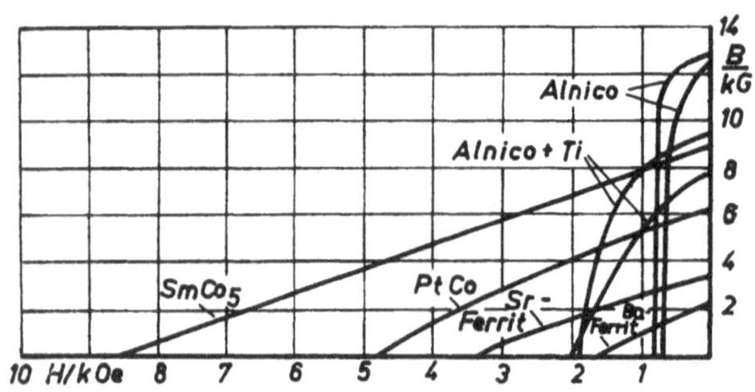

Abb. 6 Entmagnetisierungskurven von verschiedenen Dauermagnetwerkstoffen

Für die *Alnico-Legierungen* ist einzuschätzen, daß wesentliche Weiterentwicklungen nicht zu erwarten sind. Zur Abschätzung des höchsten theoretisch möglichen $(BH)_{max}$-Wertes geht man davon aus, daß die Remanenz bei idealer Ausrichtung der Kristallite max. den Wert der Sättigungsmagnetisierung annehmen kann. Setzt man nun nach Abb. 7 eine Rechteckschleife für $4\pi J = f(H)$ voraus,

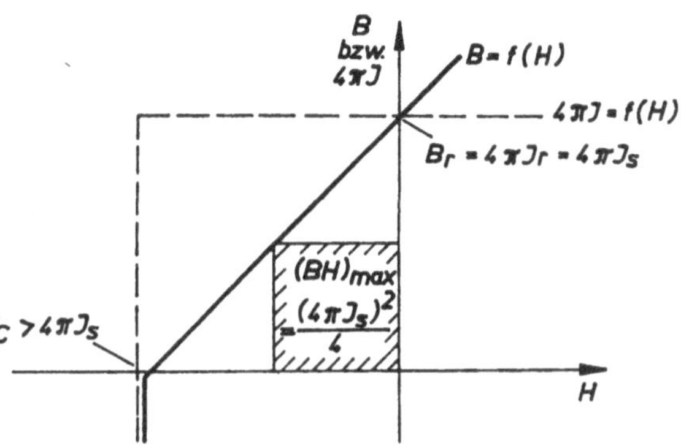

Abb. 7 Theoretischer Höchstwert für $(BH)_{max}$

so ergibt sich für die Induktion in Abhängigkeit von der Feldstärke eine Gerade mit ${}_BH_c$, deren Zahlenwert in Oe so groß ist wie die Remanenz in G, so daß sich ein Höchstwert ergibt von

$$(BH)_{max} = \left(\frac{4\pi J_r}{2}\right)^2 = 4\pi^2 J_s^2 .$$

Daß für Alnico der rechnerisch zu ermittelnde Höchstwert von etwa 49 MGOe (wenn man $4\pi J_s = 4\pi J_r = 14\,000$ G annimmt) bei weitem nicht zu realisieren ist, haben die umfangreichen experimentellen Untersuchungen gezeigt und viele theoretische Untersuchungen zur Magnetisierungsumkehr in formanisotropen Teilchenkollektiven untermauert. Durch die Wechselwirkungen der vorwiegend formanisotropen Teilchen im Kollektiv wird mit zunehmender Packungsdichte die Koerzitivfeldstärke sehr stark gesenkt.

Günstigere Bedingungen für hohe Werte der max. Energiedichte ergeben sich bei Werkstoffen, bei denen das Dauermagnetverhalten der Kristallanisotropie zuzuschreiben ist. Nach mikromagnetischen Betrachtungen sollte die Koerzitivfeldstärke hierbei teilchengrößenunabhängig sein. Das bedeutet, daß eine hohe Packungsdichte der Teilchen ohne Senkung der Koerzitivfeldstärke möglich sein sollte. Hohe Kristallanistotropie liegt z. B. bei den *hartmagnetischen Ferriten* vor. Die Ferrite haben aber auf Grund ihres Kristallaufbaues eine verhältnismäßig niedrige Sättigungsmagnetisierung. Als theoretischer Höchstwert der max. Energiedichte wird 5,7 MGOe für Barium-Ferrit angegeben [23]. Nach Abzügen wegen nicht vollständig erreichbarer theoretischer Dichte und eines unvermeidlichen unmagnetischen Anteils verbleiben etwa 5,0 MGOe. Im Labor sind unter besonders sorgfältigen Bedingungen bereits $(BH)_{max}$-Werte von 4,45 MGOe erreicht worden. Bei den hartmagnetischen Ferriten ist man also dem theoretischen $(BH)_{max}$-Wert schon recht nahe, so daß daher wesentliche Weiterentwicklungen bei diesen Werkstoffen nicht zu erwarten sind, zumal es sehr fraglich ist, ob der Aufwand den Nutzen lohnen würde. Es wäre z. B. eine größere Reinheit der Ausgangsstoffe erforderlich, die mit viel höheren Kosten verbunden wären. Aber die Ferrite zeichnen sich ja gerade durch wenig anspruchsvolle Ausgangsstoffe und niedrige Kosten aus. Die Weiterentwicklungen auf dem Ferritgebiet zielen daher nicht auf eine Erhöhung der maximalen Energiedichte, sondern z. B. auf Verbesserung des Temperaturverhaltens ab.

Auf dem Gebiet der *Seltenerdmetall-Kobalt-Magnete* bestehen z. Z. die größten Entwicklungsaussichten. Zunächst sind die besten Vorbedingungen gegeben,

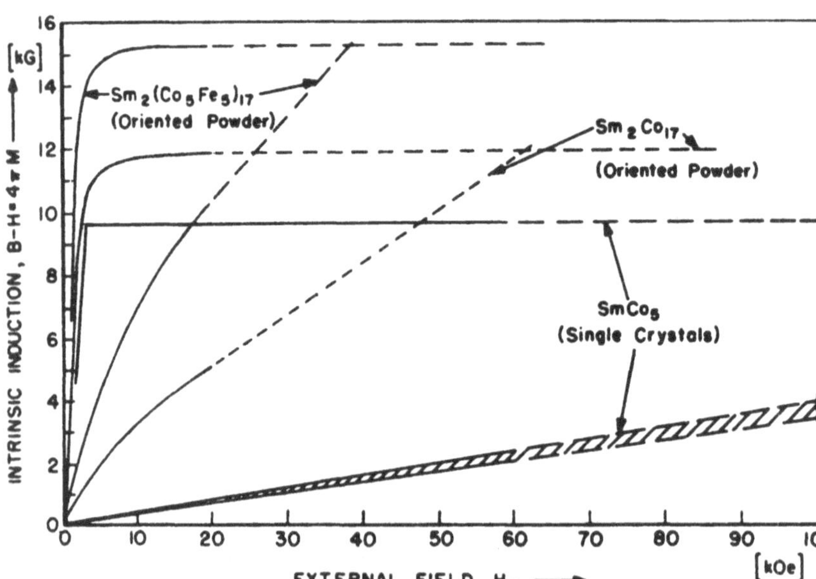

Abb. 8 Ermittlung der Kristallanisotropie

und außerdem sind die physikalischen Möglichkeiten bei diesen Werkstoffen noch nicht ausgeschöpft.

In nahezu idealer Weise sind gleichzeitig hohe Sättigungsmagnetisierung und extrem hohes Anisotropiefeld gegeben. Das Anisotropiefeld ist bei diesen Werkstoffen parallel und senkrecht zur hexagonalen Achse sehr unterschiedlich. Abb. 8 zeigt Meßergebnisse von Strnat [24], aus denen zu erkennen ist, welche enorm hohen Feldstärken bei den R-Co-Verbindungen notwendig sind, um die Sättigung senkrecht zur hexagonalen Achse zu erreichen.

Zur Frage nach der Weiterentwicklung ist nach den obigen Ausführungen außer der Kristallanisotropie die Sättigungsmagnetisierung ausschlaggebend. Entsprechende Messungen für die intermetallischen Phasen RCo_5, R_2Co_{17} und R_2Fe_{17} von Strnat [24] zeigt Abb. 9. Es fällt auf, daß die Sättigungsmagnetisierung der R_2Co_{17}-Phasen am größten ist und die Substitution von Kobalt durch Eisen bei den für Dauermagnete interessanten Elementen der Ordnungszahlen 58 bis 62 ungünstig ist. Tendenzen einer systematischen Weiterentwick-

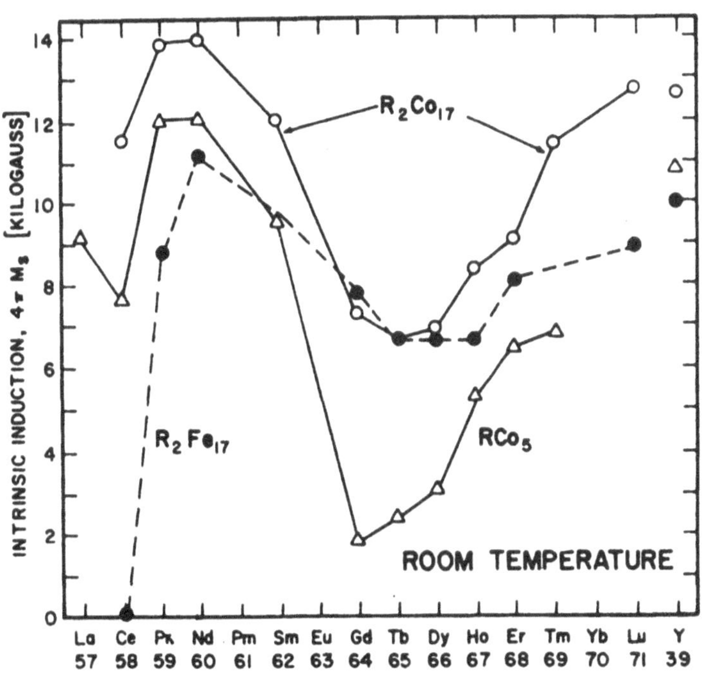

Abb. 9 Sättigungsmagnetisierung für R_2Co_{17}, R_2Fe_{17} und RCo_5 (nach Strnat)

lung eröffnen sich durch teilweisen Ersatz von Kobalt durch Eisen und auch Kupfer und die Verwendung von Seltenerd-Mischmetallen. In Tab. 3 sind magnetische Grundgrößen für einige Seltenerdmetall-Verbindungen zusammengestellt. Man sieht, daß die theoretischen Höchstwerte von $(BH)_{max}$ der eben genannten Verbindungen die der RCo_5-Phasen noch übertreffen können. Das Anisotropiefeld ist jedoch niedriger, so daß es fraglich ist, ob die theoretischen Höchstwerte praktisch erreicht werden können. Aus der grafischen Darstellung in Abb. 10 ist eine weitere Entwicklungsrichtung erkennbar, nämlich die Substitution von Sm durch Pr.

Tabelle 3

Seltene-Erdmetall-Kobalt-Legierungen (nach Strnat; *) nach Gaiffi)

	$\frac{4\pi J_s}{kG}$	$\frac{H_A}{kOe}$	$\frac{K}{\frac{10^7 erg}{cm^3}}$	$\frac{\text{theoret. } (BH)_{max}}{MGOe}$
YCo_5	10,6	130	5,5	28
$LaCo_5$	9,1	175	6,3	20,6
$CeCo_5$	7,7	200	6	14,8
$PrCo_5$	12	200	8	36
$SmCo_5$	9,65	250	10	23
$SmCo_5$	11,5	340	15,5	33*)
$(Ce\text{-}MM)Co_5$	8,9	180	6,5	20
$Sm_2(Co_{0,8}Fe_{0,2})_{17}$	13,8	67	3,7	48*)
$Sm_2(Co_{0,6}Fe_{0,4})_{17}$				60*)
La_5Co_{19}	6,25	17	0,4	9,8
Pr_5Co_{19}	9,6	38	1,5	23
Nd_5Co_{19}	10	10	0,4	25

Der Preis der Seltenerdmetalle ist durch die immer bessere Beherrschung der recht komplizierten Metallurgie und den größeren Absatz in wenigen Jahren von etwa 100 auf 5 Dollar/pound gesunken. Dennoch ist der Preis dieser Werkstoffe hoch genug, um den Ferriten und Alnico-Legierungen über lange Zeit ihre Bedeutung zu sichern. Eine andere Entwicklungsrichtung, die auf billigere R-Co-Magnete abzielt, nämlich die Substitution des Sm durch billigeres Zer-Mischmetall scheint wenig erfolgreich zu sein. Es wurden verhältnismäßig geringe $(BH)_{max}$-Werte gefunden, die allerdings für bestimmte Anwendungen das Einsatzgebiet der Alnico-Legierungen etwas einengen können. Wenn auch gegenwärtig die Anwendungen der Seltenerdmetall-Kobalt-Magnete noch auf Sonderfälle beschränkt ist, so ist doch einzuschätzen, daß der Produktionszuwachs beachtlich hoch sein wird und Weiterentwicklungen in Richtung der Erreichung eines $(BH)_{max}$-Wertes von 50 MGOe zu erwarten sind.

In den letzten Jahren hat noch die *intermetallische Verbindung* Dy_3Al_2 auf sich aufmerksam gemacht. Bei der Temperatur des flüssigen Heliums wurde an ihr der bislang höchste $(BH)_{max}$-Wert von 70 MGOe gemessen [25]. Allerdings liegt die Curie-Temperatur nur bei 100 K, so daß eine Verwendung bei Raumtemperatur nicht möglich ist. Weiterentwicklungen in der Richtung einer rapiden Steigerung der Curie-Temperatur unter Beibehaltung der günstigen Dauermagneteigenschaften sind nicht wahrscheinlich. Ähnlich war es mit den *Dauermagneten mit Austauschanisotropie*, wo die großen Hoffnungen für die Nutzungen nicht erfüllbar waren. Diese Einrichtungsanisotropie, die durch ferro-

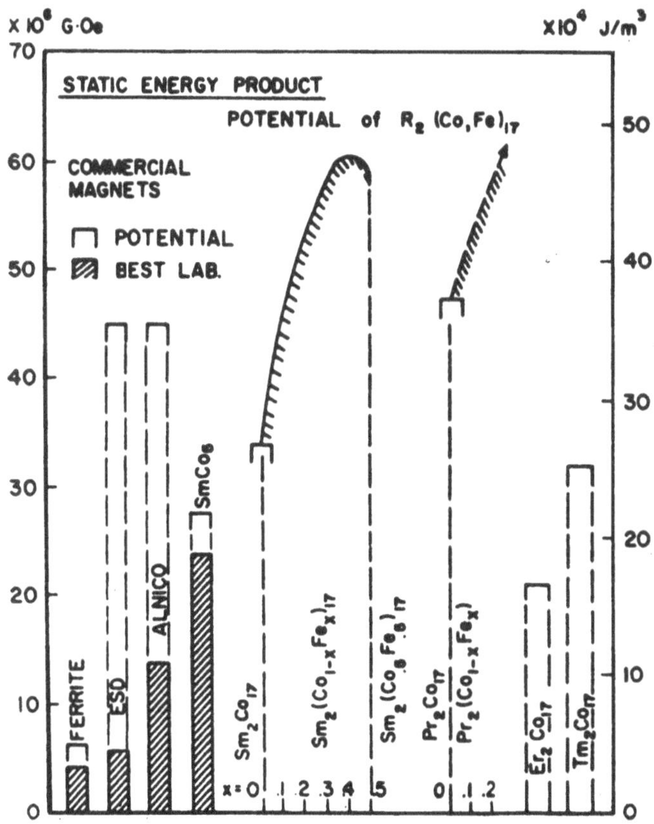

Abb. 10 $(BH)_{max}$ von Dauermagneten (n. Strnat)

antiferromagnetische, ferri-antiferromagnetische oder ferro-ferrimagnetische Spinkopplung zustande kommt und z. B. im System Co-CoO vorliegt, führt zu einer asymmetrischen Hystereseschleife [26]. Weniger aufregend, aber mit mehr Aussicht auf die praktische Nutzung werden die neuerdings an Mn-Al-Legierungen erhaltenen Ergebnisse eingeschätzt. Diese rohstoffgünstige Legierung mit etwa *70% Mn — 29% Al — 1% C* hat eine Remanenzmagnetisierung von 6 kG und einen $(BH)_{max}$-Wert von 6 MGOe [27] und kann bezüglich der Eigenschaften relativ zu den Ferritmagneten als eine gewisse Weiterentwicklung angesehen werden. Es darf aber nicht übersehen werden, daß es sich hierbei prinzipiell um einen anderen Magnetwerkstoff handelt. Eine plastische Deformation verändert bei diesen Legierungen sowohl den Ordnungsgrad der Kristallstruktur als auch die Sättigungsmagnetisierung. Das läßt sich erklären mit dem Auftreten von partiellen Versetzungen und der damit verbundenen Bildung von Stapelfehlern. Ein solcher Stapelfehler kann 2 Ebenen von parallel gekoppelten Mn-Atomen enthalten, die zwischen den Ebenen antiparallel gekoppelt sind.

Eine gewisse Lücke im Dauermagnet-Sortiment — bei gleicher Größenordnung der Energiedichte wie Ferritmagnete, aber im Gegensatz dazu mit hoher Remanenzmagnetisierung von über 10 kG bei Koerzitivfeldstärke mit 500 bis 800 Oe — könnten die *Fe-Cr-Co-Si-Legierungen* schließen. Die Herstellungstechnologie gleicht der der Alnico-Magnete. Die Koerzitivfeldstärke wird durch die Formanisotropie der eisenreichen Teilchen verursacht, die sich während der Wärmebehandlung spinodal aus der kubisch raumzentrierten α-Phase entwickeln.

Literatur

[1] Schulze, G. E. R.: Vortrag auf der 10. Metalltagung der DDR, Dresden 1974, in: Magnetische Eigenschaften von Festkörpern, Leipzig 1975 (im Druck).

[2] Mishima, T.: Ohm **19** (1932), S. 353.

[3] Oliver, D. A., und J. W. Shedden: Nature **142** (1938), S. 209.

[4] Cahn, I. W.: J. appl. Phys. **34** (1963), S. 3581.

[5] Ebeling, D. G.: U.S. Pat. 2.295.082 (1948).
Bernius, R. E.: D.B.P. 811 976 (1949).
McCaig, M.: Proc. Phys. Soc. B **62** (1949), S. 652.

[6] Harrison, J.: Brit. Pat. 987.636 (1962), Brit. Pat. 999.523 (1962).

[7] Wittig, R.: Z. ang. Physik **21** (1966), S. 98.

[8] Harrison, J., und W. Wright: Kobalt Nr. 35 (1967).

[9] Hoffmann, A., und P. Pant: Techn. Mitt. Krupp Forsch.-Ber. **28** (1970), S. 117.

[10] Fahlenbrach, H.: ATM Z 912—7, Januar 1964.

[11] Bronner, C.: Kobalt 1973, Nr. 1, S. 9.
[12] De Vos, K. J.: Dissertation Eindhoven 1966.
[13] Went, J. J., u. a.: Philips' Techn. Rundsch. **13** (1952), S. 361.
[14] Cochardt, A.: J. appl. Phys. **34** (1963), S. 1273.
[15] Strnat, K. J., u. a.: J. appl. Phys. **38** (1967), S. 1001.
[16] Benz, M. G., und D. L. Martin: Appl. Phys. Letters **17** (1970), S. 176, s. a. Kobalt Nr. 50, März 1971, S. 10.
[17] Searle, C. W., u. a.: Intermag-Konferenz 1973.
[18] Volskii, A. A., u. a.: Izv. V. U. Z. Chermaya Met., **1973** (4), S. 139.
[19] Nesbitt u. a.: J. appl. Phys. **42** (1971), S. 1530.
[20] Heinrich, J. P., u. a.: J. appl. Phys. **45** (1974), S. 1873.
[21] Willson, M. C., und R. J. Janowiecki: Conference on Magnetism and Magnetic Materials, San Franzisko 1974.
[22] Harafumi Senno und Yoshio Tawara: IEEE Trans. Magn. MAG — 10 (1974) Nr. 2, S. 313.
[23] Tomholt, F.: Ber. Arbeitsgemeinschaft Ferromagnetismus, April 1962.
[24] Strnat, K. J.: IEEE Trans. Magn. MAG — 8 (1972) Nr. 3, S. 511.
[25] Barbara, B., u. a.: IEEE Trans. Magn. MAG — 7 (1971), S. 654.
[26] Meiklejohn, W. H., und C. R. Bean: Phys. Rev. **102** (1956), S. 1413.
[27] Ohtani, T., u. a.: Intermag Tagung London 1975.
[28] Kaneko, H., u. a.: IEEE Trans. Magn. MAG — 8 (1972) Nr. 3, S. 347.

Manfred Müller, Manfred Urban

Verformbare, magnetisch halbharte Legierungen

1. Einleitung

Eine strenge Einteilung der Magnetwerkstoffe nach ihrer magnetischen Härte besteht z. Z. nicht. Während man bisher vorwiegend zwischen magnetisch weichen und magnetisch harten Werkstoffen unterschied, ist in den letzten Jahren der Begriff „magnetisch halbhart" geprägt worden, worunter man eine Gruppe von Dauermagnetwerkstoffen einordnen kann, die durch Koerzitivfeldstärken zwischen etwa 20 bis 100 Oersted gekennzeichnet ist. Die bisher bei Dauermagneten erreichten hohen Energiedichten lassen es berechtigt erscheinen, die Legierungen vom Vicalloy-Typ mit H_c-Werten um 300 Oe mit zu den magnetisch-halbharten Legierungen zu rechnen.

Eine wesentliche Charakterisierung dieser Dauermagnetwerkstoffe ist durch ihre technologische Herstellungsart gegeben: sie gehören zu den sogenannten „verformbaren Dauermagneten". Darunter versteht man alle die Legierungen, die durch Schmieden, Walzen, Ziehen, Biegen, Stanzen usw. zur Fertigform des Dauermagneten verarbeitet werden. Diese Herstellungsweise hat insbesondere für kleinere Magnettypen den Vorteil der größeren Wirtschaftlichkeit gegenüber den z. B. beim Alnico und Bariumferrit angewendeten Guß- und Sinterverfahren, so daß solche Magnete heute als sogenannte Kleinstmagnete in hohen Stückzahlen, aber in kleineren Gewichtseinheiten — bis zu einigen Milligramm — in Geräten der Elektrotechnik eingesetzt werden.

2. Physikalische Grundlagen

Wie bereits im vorhergegangenen Vortrag ausgeführt wurde, werden an Dauermagnetwerkstoffe hoher Energiedichte im wesentlichen zwei Forderungen gestellt:

1. Es muß ein so feines Gefüge im optimalen Dauermagnetzustand vorliegen, daß jeder ferromagnetische Phasenbestandteil ein einziger Elementarbereich ohne Blochwände ist, so daß die Magnetisierungs- und Ummagnetisierungs-

vorgänge nur über Drehprozesse und nicht auch über Wandverschiebungen erfolgen.

2. Es müssen sehr große magnetische Anisotropieenergien (Kristallenergie, Formanisotropieenergie, Spannungsenergie) in den Elementarbereichen vorhanden sein, so daß die Drehprozesse erschwert werden, d. h., ein großes Magnetfeld für die Magnetisierung bzw. Ummagnetisierung erforderlich ist.

Auf Grund der teilweise sehr niedrigen magnetischen Gütewerte bei der Gruppe der verformbaren Dauermagnete sind starke Abweichungen von den theoretischen Dauermagnetbedingungen zu erwarten. Die magnetische Härte wird bei diesem Legierungstyp vorwiegend über eine Gefügeumwandlung durch Wärmebehandlung und Kaltverformung herbeigeführt. Mit der Möglichkeit der Kaltumformung dieser Legierungen wird einerseits der technischen Forderung einer speziellen Verwendung von Dauermagneten in Form dünner Bleche oder Drähte genügt, andererseits ist aber eine starke Kaltverformung ursächlich mit dem Auftreten guter Dauermagneteigenschaften verknüpft und unbedingt notwendig.

3. Verformbare Dauermagnetwerkstoffe, ihre Herstellung und Eigenschaften

Man unterscheidet heute zweckmäßigerweise zwischen 5 Klassen verformbarer Dauermagnetwerkstoffe [1], wobei die Klassen 1, 3 und 5 ausgeprägte magnetisch halbharte Eigenschaften aufweisen (Abb. 1). Die ersten Dauermagnetwerkstoffe in der Technik waren die Magnetstähle, die hohe Kohlenstoff-

Werkstoffart	Zusammensetzung in Gew.-%	H_c [Oe]	B_R [G]	$(B \cdot H)_{max}$ [G·Oe]
1 Magnetstähle	58,5 Fe-30 Co-5 Cr-4W-1,5 Mo-1C	250	8500	$1{,}0 \cdot 10^6$
2 Legierungen mit Ausscheidungen				
CuNiFe	60 Cu-20Ni-20Fe	490	6000	$1{,}5 \cdot 10^6$
CuNiCo	50 Cu-21Ni-29Co	830	3600	$1{,}1 \cdot 10^6$
3 Legierungen mit Phasenumwandlungen				
VICALLOY	35Fe-52Co-13V	375	10000	$2{,}4 \cdot 10^6$
KOERFLEX	36Fe-52Co-8Cr-4V	300	10000	$2{,}0 \cdot 10^6$
AURODUR	39Fe-52Co-9V	180	9000	$1{,}2 \cdot 10^6$
4 Legierungen mit Atomordnungen	30Fe-70Pt	1900	6000	$3{,}3 \cdot 10^6$
	23Co-77Pt	4800	6500	$9{,}5 \cdot 10^6$
5 Legierungen mit Phasenumwandlung und zum Teil Ausscheidungen				B_R/B_S
	53Fe-32Co-15Cr	25	18000	>0,9
	62Fe-21Cu-16Co-1V	40	17000	0,92
	84,8Fe-10Mn-5Ni-0,2Ti	65	14500	0,95
	70Fe-20Co-10Mn	45	16000	0,85

Abb. 1 Eigenschaften verformbarer Dauermagnetwerkstoffe

gehalte um 1% und weitere Zusätze an Cr, W und Co enthielten [2], [3], [4]. Ihre Entwicklungszeit lag in den Jahren 1880 bis 1930. Der durch Abschrecken von hohen Temperaturen erhaltene Martensit verleiht diesen Werkstoffen die Dauermagneteigenschaften. Die Entwicklung der martensitischen Kohlenstoffstähle ging vom unlegierten Stahl über den Wolfram- und den Chrom- zum Kobaltstahl. Die Legierungszusätze sollten ein möglichst feinkörniges Härtungsgefüge und eine Stabilisierung des martensitischen Zustandes bewirken. Bei den Magnetstählen sind die modernen Dauermagnet-Grundlagen praktisch unberücksichtigt geblieben, da sie lange vor Bekanntwerden der Dauermagnettheorien, die ja erst aus der Notwendigkeit einer Erklärung der Dauermagneteigenschaften geschaffen worden waren, entwickelt worden sind.

Wegen ihrer relativ geringen magnetischen Güte und vor allem der unangenehmen Alterungserscheinungen sind die Magnetstähle nach und nach verdrängt worden.

Die zweite Klasse umfaßt Dauermagnetlegierungen mit ausgezeichneter Verformbarkeit, bei denen die Spannungs- und Formanisotropie von Ausscheidungen die magnetische Härte verursacht [5], [6], [7], [8], [9]. Nachdem die Legierungsbestandteile durch eine Homogenisierungsglühung in Lösung gebracht worden sind, entmischen sie sich nach raschem Abkühlen auf Raumtemperatur wieder. Nach Geisler und New Kirk [7] entstehen dabei submikroskopische, kohärente Cu-reiche und Fe- bzw. Co-reiche Phasen mit tetragonal-flächenzentrierter Struktur. Gegenüber der Ausgangsstruktur führt die Tetragonalität der Ausscheidungen zu starken inneren Spannungen. Eine anschließende Kaltverformung führt durch Langstreckung der Ausscheidungen in Verformungsrichtung zu einer Formanisotropie. Dadurch wird die Koerzitivfeldstärke und das Verhältnis von Remanenz zu Sättigung erhöht. Beim Anlassen im Temperaturbereich um 600 °C erfolgt ein Wachstum der Ausscheidungen in Walzrichtung, womit eine Vergrößerung der Formanisotropie verbunden ist.

Dieser Legierungstyp wurde durch die Gruppe der von ihren Entdeckern mit Vicalloy [10] bezeichneten Fe-Co-V-Legierungen mit günstigen magnetischen Eigenschaften, d. h. mit verhältnismäßig großen Werten der Remanenz und verhältnismäßig kleinen Werten der Koerzitivfeldstärke abgelöst. Die bekannten Legierungen Vicalloy I und II unterscheiden sich im wesentlichen durch den Vanadingehalt von 9 bzw. 13%, der im ersten Fall nach Abkühlen auf Raumtemperatur zu einer ferritischen, im zweiten Fall zu einer austenitischen Gefügestruktur führt. Die höheren $(BH)_{max}$-Werte liefert Vicalloy II. Der partielle Ersatz des Vanadiums durch Chrom führt zu Legierungen mit ähnlichen magnetischen Eigenschaften, insbesondere aber zu rechteckförmigen Hystereseschleifen [11], [12]. Das magnetisch halbharte Verhalten dieser Legierungen in Klasse 3 beruht auf einer Umwandlung der nach einem Abschrecken von

1000 °C erhaltenen unmagnetischen austenitischen γ-Phase in die ferromagnetische ferritische α-Phase durch eine hohe Kaltverformung. Die Rückwandlung von magnetischem in unmagnetisches Phasengefüge während einer anschließenden Wärmebehandlung zwischen 400—650 °C führt zu einem $(\alpha + \gamma)$-Mischgefüge. Infolge der damit verbundenen Gefügeverfeinerung und einer Annäherung an ein Einbereichsverhalten steigt die Koerzitivfeldstärke an [12]. Die relativ niedrigen H_c-Werte deuten aber noch auf Blochwandbewegungen hin. Die Remanenzzunahme, die während der Anlaßbehandlung ab 300 °C einsetzt, wird auf die Ausbildung einer Dauermagnetanisotropie zurückgeführt. Die Art der magnetischen Anisotropie ist aber bisher noch unbekannt. Annahmen von Kristall-, Form- oder Spannungsanisotropien im üblichen Sinne führen zu Widersprüchen mit experimentellen Ergebnissen. Es werden Zusammenhänge der Ausbildung einer makroskopischen magnetischen Anisotropie mit einer Fe-Co-Überstrukturbildung diskutiert.

Atomordnungen im Sinne von Überstrukturen sind auch kennzeichnend für die Dauermagneteigenschaften von Fe-Pt und Co-Pt-Legierungen der Klasse 4 [13], [14]. Diese Legierungen werden gegossen oder gesintert und durch eine zweistufige Glühung (1100 °C, abschrecken in H_2O, anschließend 600 °C anlassen) in eine teils geordnete, teils ungeordnete Atomverteilung überführt. McCurrie und Gaunt [15] schreiben die magnetische Härte einem etwa 50%igem Übergang der abgeschreckten, ungeordneten kubischen Phase in eine geordnete tetragonale Phase zu, welche in kleinen Platten parallel zu $< 110 >$ Ebenen der ungeordneten Phase auftreten. Die geordnete Phase hat eine sehr hohe einachsige Anisotropie. Es wird außerdem angenommen, daß diese Platten als Pinning-Zentren für die Domänenwandbewegung in der ungeordneten Matrix wirken. Im abgeschreckten Zustand kann die Legierung kaltverformt und bearbeitet werden, was nach der vollständigen Wärmebehandlung kaum mehr möglich ist. Der Werkstoff ist isotrop. Trotz der ausgezeichneten magnetischen Eigenschaften ist sein Einsatz wegen der außergewöhnlich hohen Rohstoffpreise auf kleinste Magnete beschränkt, z. B. für elektrische Armbanduhren.

Die Eigenschaften der Legierungen in Klasse 5 sind weniger durch ein hohes Energieprodukt $(B \cdot H)_{max}$ als durch eine gute Rechteckförmigkeit der Magnetisierungsschleife ($B_R/B_S > 90\%$) und hohe Remanenzwerte geprägt. Bei diesem vielfach ausscheidungsfähigen Legierungstyp werden metastabile Gefügestrukturen durch hohe Kaltverformung erzeugt, die in Kombination mit einer Ausscheidungswärmebehandlung zu Mischstrukturen mit magnetisch halbharten Werkstoffeigenschaften führt. Diese Werkstoffentwicklung ist noch relativ jung. Sie genügt speziellen Anforderungen der Elektronikindustrie [16], [17], [18], [19].

In Abb. 2 sind die Entmagnetisierungskurven der behandelten Legierungstypen zusammengefaßt dargestellt.

Wegen der großen technischen Bedeutung der magnetisch halbharten Legierungen der Klasse 3 und 5 seien die weiteren Ausführungen auf wesentliche Anwendungen dieser Werkstoffe in der Elektrotechnik gerichtet.

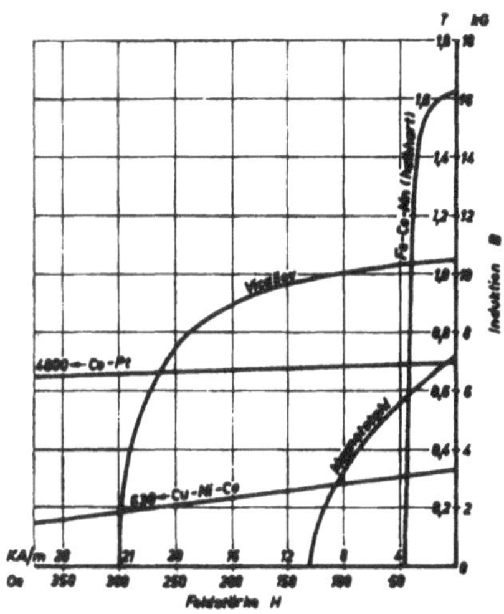

Abb. 2 Entmagnetisierungskurven verformbarer Dauermagnetwerkstoffe

4. *Bedeutung und Anwendung magnetisch halbharter Legierungen*

Ein wirtschaftlicher Einsatz der Vicalloy-Werkstoffe ist auf Grund der hohen Rohstoffkosten des Kobalts und Vanadiums auf Klein- und Kleinstmagnete beschränkt. Es handelt sich hier mehr um Stückzahlen als um Gewichte. Außerdem führen erst sehr starke Kaltverformungen von mehr als 90% Querschnittsabnahme vor der Schlußwärmebehandlung zu optimalen magnetischen Gütewerten, so daß schon diese starke Querschnittsabnahme beim Walzen oder Ziehen kleine Magnetabmessungen bedingt.

So können Bänder bis unter 25 μm Dicke und Drähte bis unter 0,1 mm Durchmesser hergestellt werden. Dagegen liegen wegen des hohen Kaltverformungsgrades die oberen Abmessungen von Bandmaterial bei maximal 0,6 mm Dicke und von Draht bei maximal 3 mm Durchmesser, wobei die magnetischen Eigenschaften bei den größten angegebenen Maßen wegen der in der Höhe begrenzten Kaltverformungsgrade merklich schlechter als bei den kleineren Dickenabmessungen sind. Gegenüber Guß- und Sintermagneten haben die Vicalloy-Magnete den Vorteil, daß sie nach der Wärmebehandlung auch gute

Federeigenschaften besitzen, die bei geschlitzten ringförmigen Magneten sehr gut zur Befestigung auf oder in unmagnetische Träger ohne zusätzlichen Aufwand auszunutzen sind. Weiterhin ist eine hohe Maßhaltigkeit gestanzter Teile zu nennen, die sich besonders vorteilhaft bei den Bohrungen für die Anbringung der Rotationsachsen in rotierenden Magneten auswirkt.

In Abb. 3 sind Halbzeuge aus Aurodur dargestellt. Man erkennt Formteile für Drehmagnetmeßwerke und Kompasse, Stabmagnete, die in Schichtdickenmesser eingesetzt werden, sowie Federringe, die auf oder in unmagnetische

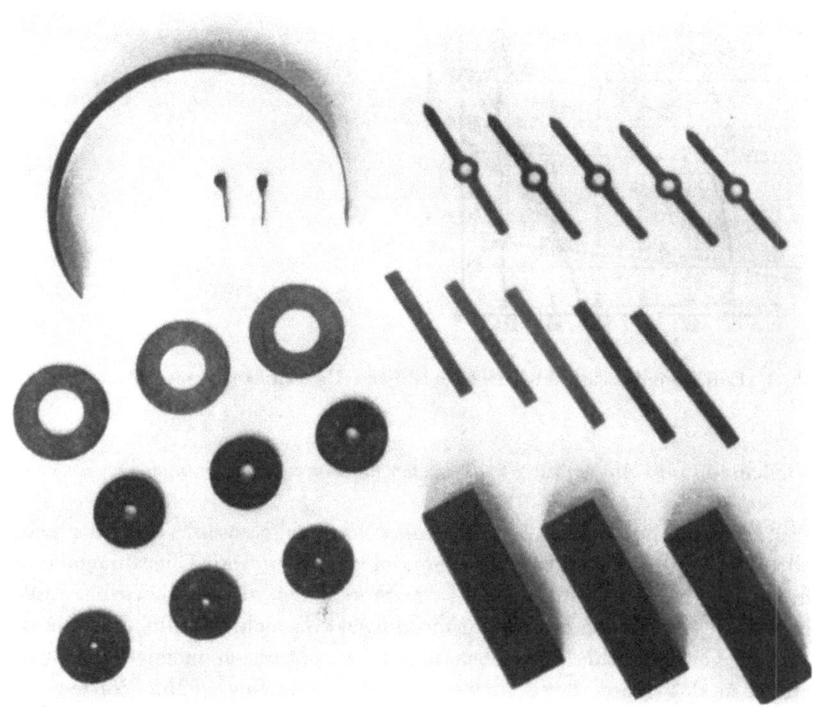

Abb. 3 Halbzeuge aus Aurodur

Trägerkörper befestigt werden. Wegen der relativ niedrigen Koerzitivfeldstärken (100 bis 300 Oe) bei relativ hohen Remanenzwerten ($\geqq$ 10 000 G) der Werkstoffe auf Vicalloy-Basis, ist bei der praktischen Anwendung zu beachten, daß eine Eigen- oder Fremdentmagnetisierung minimal bleibt. Das erreicht man dadurch, daß die magnetische Länge möglichst groß und der magnetische Querschnitt des Formkörpers möglichst klein gestaltet wird. Um im $(B \cdot H)_{max}$-

Punkt zu arbeiten, sind Verhältnisse von Länge zu Dicke zwischen 10 und 15 erforderlich. Bei den Kleinstmagneten arbeitet man aus wirtschaftlichen und räumlichen Gründen in den meisten Fällen ohne Eisenpolschuhe oder Flußleitstücke. Der magnetische Kreis wird gewöhnlich nur aus dem Dauermagneten gebildet.

Im folgenden sollen einige typische Anwendungsbereiche für Vicalloy-Legierungen erwähnt werden.

Unter den Meßwerken elektrischer Größen, die in hohen Stückzahlen hergestellt werden, ist das Drehmagnetmeßwerk das einfachste und auch rentabelste (Abb. 4).

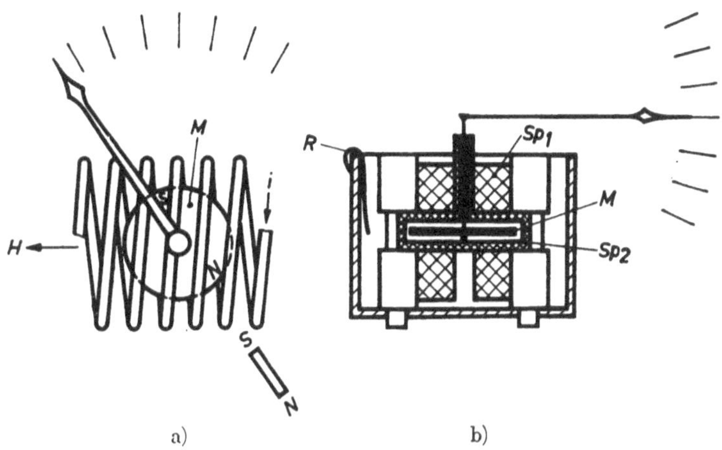

Abb. 4 Prinzipdarstellung von Drehmagnetmeßwerken

Zur Messung eines elektrischen Gleichstromes wird dieser durch eine Spule geschickt, in der ein Magnetfeld H erzeugt wird. In dieses Magnetfeld bringt man eine Dauermagnetscheibe M aus Vicalloy, die gegen eine Federkraft drehbar ist. Bei Erhöhung des Stromes und damit zunehmendem Magnetfeld erfolgt eine Eindrehung der Magnetscheibe und seiner Magnetisierungsrichtung in die Feldrichtung. Ein Zeiger überträgt die Drehung des Magneten über eine Skala, die in der zu messenden Größe geeicht ist (Abb. 4 a). Ein häufig verwendetes Meßprinzip stellt das des Drehmagnetquotientenmessers in Abb. 4 b dar. Das Drehmagnetmeßwerk besteht hier im wesentlichen aus einer Kreuzspule und einer drehbeweglich angeordneten Dauermagnetscheibe. Die Ströme in beiden Spulen sind so gerichtet, daß ihre Drehmomente einander entgegenwirken. Der Ausschlag bei diesem Meßprinzip ist eine Funktion des Quotienten der beiden Spulenströme und damit unabhängig von Schwankungen der Betriebsspannung.

Diesen Vorteil solcher Drehmagnetquotientenmesser nutzt man bei der Messung des Anzeigestandes von Benzintanks in Kraftfahrzeugen oder anderen Vorratsgefäßen. Hier wird entsprechend der Füllhöhe ein Widerstand verstellt, der den Strom einer Spule analog verändert. Zusätzlich angebrachte Rückstell-Magnete R fixieren nach Abschalten des Meßwerkes den Drehmagneten in seiner Nulllage. Aus der Wirkungsweise solcher Drehmagnetmeßwerke folgt, daß das Massenträgheitsmoment der drehbaren Dauermagnete sehr klein, das magnetische Moment aber sehr groß sein muß. Deswegen werden hier sehr dünne Scheiben (0,1 bis 0,5 mm dick) mit Bohrungen zur Aufnahme der Drehachse eingesetzt. Über den Umfang des Einsatzes dieser Werkstoffe gibt die Ausstattung der Mehrzahl der Kraftwagen mit solchen Instrumenten Aufschluß.

Ein weiteres Anwendungsgebiet von Vicalloy-Werkstoffen nutzt neben den magnetischen Eigenschaften die Federeigenschaften aus. Aufgeschlitzte Federringe werden auf Aluminium-Trägerkörper aufgefedert, die als Rotationskörper in Autotachometern eingesetzt werden. Sie erzeugen bei ihrer Mitbewegung über eine flexible Welle in den Fahrzeugen in einer sie umgebenden ruhenden Glocke aus Aluminium Wirbelströme, die zu einem Drehmoment zwischen Magnet und Glocke führen. Die gegen eine Federkraft gedrehte Glocke zeigt dann auf einer geeichten Skala die Fahrzeuggeschwindigkeit an.

Ein Anwendungsbeispiel für Aurodur I im Feingerätebau stellt der manegtische Schichtdickenmesser dar. Aus Abb. 5 ist das vereinfachte Meßprinzip zu entnehmen. Zwischen zwei Stabmagneten, deren Pole als Quadrupol angeordnet sind, bilden sich Feldlinien aus, in deren Richtung sich ein mit einem Zeiger versehener Dipol einstellt. Durch Änderung des magnetischen Widerstandes des gesamten magnetischen Kreises erfolgt eine Richtungsänderung der Feldlinien des Streuflusses. Der Arbeits- bzw. Anzeigebereich liegt zwischen dem magnetischen Leerlauf und dem magnetischen Kurzschluß für die beiden unteren als Meßfühler benutzten Pole.

Aus diesem Meßprinzip geht hervor, daß solche Geräte nur zur Messung nichtferromagnetischer Schichten auf ferromagnetischer Unterlage geeignet sind.

Die zunehmende Automatisierung stellt hohe Anforderungen an die Regeltechnik. Diese benötigt kleine und preisgünstige Synchronmotoren kleiner Leistung, aber hoher Genauigkeit. Dafür haben sich, z. B. als Motor für Schaltwerkantriebe in automatischen Haushaltmaschinen mit bestimmten Zeitprogrammen oder bei Bandgeräten der Ton- und Computertechnik oder bei hochpräzisen Kreiselsystemen der Raumnavigation, die Hysteresemotoren durchgesetzt. Antriebstechnisch zeichnen sich diese Motoren gegenüber Elektromotoren klassischer Bauart durch eine Unabhängigkeit des Drehmomentes von der Drehzahl aus. Der Hysteresemotor läuft mit konstantem Drehmoment asynchron hoch, um dann synchron weiterzulaufen. Die Läufer dieser Motoren bestehen aus Vicalloyscheiben (Innenläufer) oder aus einem Aluminiumträgerkörper mit eingefedertem Vicalloy-Ring (Außenläufer). Während des asynchronen Anlaufs wird der Dauermagnetwerkstoff aus dem unmagnetischen Zustand heraus im magnetischen Drehfeld ummagnetisiert, wobei ein Drehmoment entsteht, dessen Größe angenähert proportional dem Hystereseschleifeninhalt des Vicalloy-Werkstoffs ist. Im Synchronlauf dreht sich der Läufer als Dauermagnet.

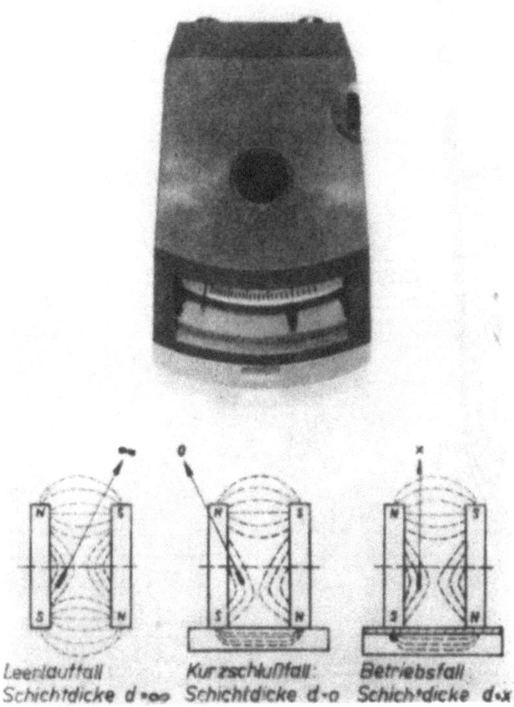

Abb. 5 Magnetischer Schichtdickenmesser, Meßprinzip und Ansicht

Es könnte nun geschlußfolgert werden, daß die Werkstoffe mit der größten Hysterese für diesen Motortyp am geeignetsten wären. Die Erzeugung unzureichend hoher Drehfelder, um den Dauermagneten ummagnetisieren zu können, beschränkt jedoch die Leistungshöhe der Hysteresemotoren. Die Koerzitivfeldstärken der Dauermagnetwerkstoffe liegen zwischen 100 und 200 Oe, wobei dessen günstiges Hystereseverhalten dem jeweiligen Drehfeld des Motors genau angepaßt werden muß, um einen Motoranlauf zu gewährleisten. Dabei spielt auch die Form sogenannter innerer Hystereseschleifen eine maßgebliche Rolle. In Abb. 6 sind innere Hystereseschleifen von Aurodur I dargestellt. Zur

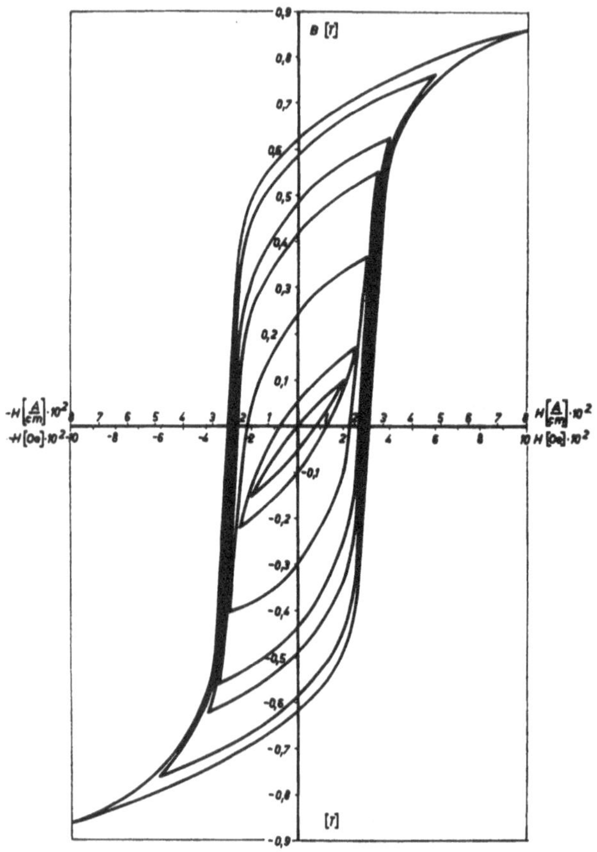

Abb. 6 Innere Hystereseschleifen von Aurodur I

Beurteilung des Werkstoffes für den Einsatz in Hysteresemotoren sind außerdem der sogenannte Wölbungsfaktor, der Hysteresewinkel und die Hystereseenergiedichte charakteristische Kenngrößen, die in Abhängigkeit von der Aussteuerungsfeldstärke Maxima durchlaufen. Optimale Motorleistungen werden dann erreicht, wenn es gelingt, die Maxima der genannten Materialparameter bei einer bestimmten Motorfeldstärke gleichzeitig einzustellen.

Die Abb. 7 zeigt Teile von Hysteresemotoren.

Die letzte Gruppe von verformbaren Dauermagnetlegierungen mit ausgesprochen magnetisch halbhartem Charakter hat in neuester Zeit in der Impulsspeicher- und Schaltertechnik an Bedeutung gewonnen, so z. B. in der Telephonie [18]. Die elektronische Fernsprechvermittlungstechnik erfordert ein Schalten von mechanischen Schaltern mit kurzen elektronischen Impulsen. Die Schaltpunkte im Sprechnetzwerk müssen eine an elektronische Steuerorgane

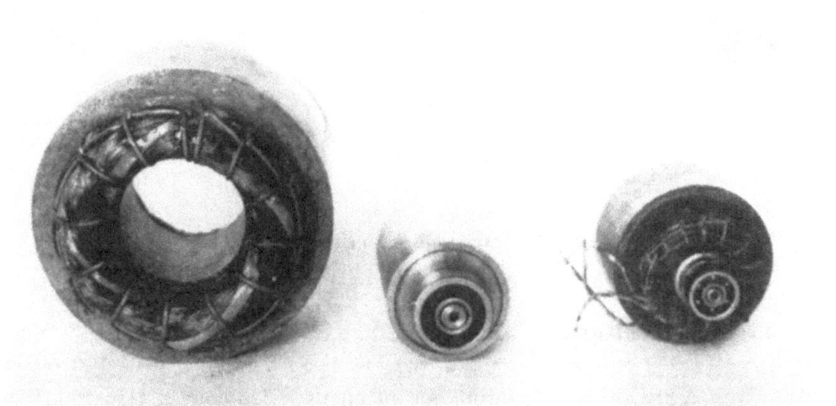

Abb. 7 Teile von Hysteresemotoren

angepaßte Geschwindigkeit erlangen, um mit einer kleinen Menge von Steuerorganen auszukommen. Als Schaltpunkte dienen sogenannte Reed-Kontakte (Zungenkontakte) in Form von Ferreed-Schaltern (Abb. 8). Das Schalten erfolgt mit Hilfe von magnetisch halbharten Speichern mit einer Speicher-Ansprechzeit von $< 10\,\mu s$. Die Kontakte befinden sich zwischen zwei mit einer Spule versehenen Halbschalen aus halbharten Dauermagneten. Werden beide Halbschalen so magnetisiert, daß sich gleiche Pole gegenüberliegen, dann gehen ihre beiden Teilflüsse über den Reed-Kontakt und schließen ihn. Bei Ummagnetisierung von einem der beiden Stäbe verlaufen die Teilflüsse durch den äußeren Kreis, den die beiden Halbschalen bilden und öffnen den Reed-Kontakt wieder. Das Schalten erfolgt also durch Ummagnetisieren. Die Forderungen an den Dauermagnetwerkstoff bestehen in einer niedrigen Ummagnetisierungszeit, in einer Ummagnetisierbarkeit durch eine geringe Koerzitivfeldstärke und in einem hohen magnetischen Fluß, damit die Zungen der Reed-Kontakte zusammengezogen werden. Diese Anforderungen werden von magnetisch halbharten Legierungen der Gruppe 5 in Abb. 1 erfüllt.

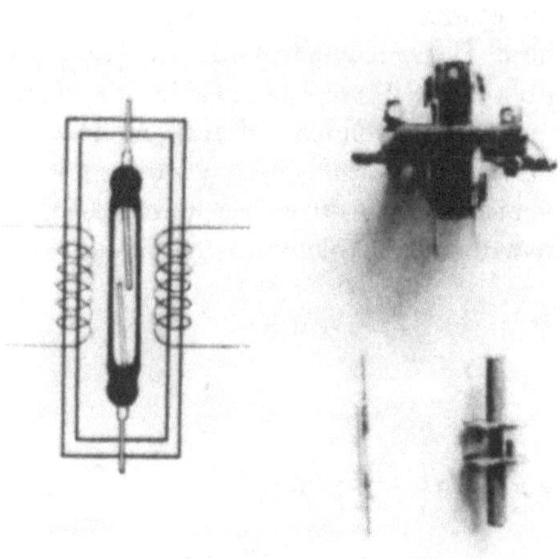

Abb. 8 Reed-Kontakte und ihre Anwendung in Ferreed-Schaltern

5. Entwicklungstendenzen

Die Weiterentwicklung verformbarer magnetisch halbharter Dauermagnete erstreckt sich auf Legierungen, die im wesentlichen durch folgende Eigenschaftsparameter gekennzeichnet sind: Koerzitivfeldstärke zwischen 30 und 100 Oe, Remanenz $\geqq$ 15 kG bei einer Rechteckförmigkeit der Magnetisierungsschleife von $\geqq$ 90%. Außerdem werden zusätzliche Anforderungen, wie z. B. die Anglasbarkeit dieser Werkstoffe (für Reed-Kontakte) zu berücksichtigen sein.

Fortschritte auf dem Gebiet der verformbaren Dauermagnete mit hoher Energiedichte sind durch japanische Entwicklungen von Fe-Cr-Co-Legierungen mit Einzelzusätzen von Mo, Si, Al und Nb zu erkennen. Die erzielten Koerzitivfeldstärken von 600 bis 800 Oe und Induktionsremanenzen zwischen 10 und 13 kG ergeben $(B \cdot H)_{max}$-Werte von 5 bis 6 MGOe.

6. Zusammenfassung

Die verformbaren Dauermagnetlegierungen, insbesondere die magnetisch halbharten vom Vicalloy-Typ und die mit ausgeprägter Rechteckförmigkeit der Hystereseschleife, bei niedrigen H_c- und hohen B_R-Werten, haben sich in der Elektrotechnik einen breiten Anwendungsbereich gesichert. Der Bedarf an diesen Werkstoffen besteht insbesondere in der elektrischen Meßtechnik und reicht über die Steuer- und Regeltechnik bis hin zur Impulsspeicherung, wobei ihre Einsatzgebiete noch keineswegs erschöpft sind. Die Vorzüge dieser Legierungsgruppe, Dauermagnete kleinster Abmessungen mit hoher Maßgenauigkeit und ausgeprägten Federeigenschaften herzustellen, lassen erwarten, daß weitere neue Anwendungen erschlossen werden [20].

Literatur

[1] FAHLENBRACH, H.: Techn. Mitt. Krupp, Werksberichte Bd. 20 (1962) 3, S. 141–147.

[2] GUMLICH, E.: Ann. Phys. Bd. 54 (1919) S. 668–688.

[3] HANNACK, G.: Stahl u. Eisen Bd. 44 (1924) S. 1237–1243.

[4] HONDA, K.: 1917.

[5] DAHL, O., I. PFAFFENBERGER und N. SCHWARTZ: Metallwirtschaft Bd. 14 (1935) S. 665–670.

[6] NEUMANN, H., A. BÜCHNER und H. REINBOTH: Z. Metallkde. Bd. 29 (1937) S. 173–185.

[7] GEISLER, A. H., und J. B. NEW KIRK: Metals Technol. 15 (1948) Nr. 5, Techn. Publ. Nr. 2444.

[8] BIEDERMANN, E., und E. KNELLER: Z. Metallkde. 47 (1956) S. 289–291; 760–774.

[9] SCHÜLER, K.: Berichte Arb.-Gemeinschaft Ferromagnetismus (1958) S. 56–60; (1959) S. 140–147.

[10] NESBITT, E. A., und G. A. KELSALL: Phys. Rev. 58 (1940) S. 203.

[11] FAHLENBRACH, H.: Techn. Mitt. Krupp, Werksberichte 30 (1972) 2, S. 149–159.

[12] FAHLENBRACH, H.: Kobalt Nr. 49 (1970) S. 174–182.

[13] GRAF, L., und A. KUSSMANN: Phys. Z. 36 (1935) S. 544–551.

[14] JELLINGHAUS, W.: Z. techn. Phys. 17 (1936) S. 33–36.

[15] McCURRIE, R. A., und P. GAUNT: Phil. Mag. 13 (123), (1966) S. 567 und 579.

[16] FAHLENBRACH, H.: Kobalt Nr. 49 (1970) 12, S. 174–182.

[17] KAWAGUCHI, T., et al.: J. Jap. Inst. Metals 38 (1974) S. 104.

[18] SCHÜLER, K.: DEW — Technische Berichte 2 (1962) H. 4, S. 148–152.

[19] TAKAHASHI, T., und K. ONO: Conf. Magnetism and Magnetic Materials 1974.

[20] FAHLENBRACH, H.: Metall 29 (1975) 1, S. 52–57.

Harry Wich, Rudi Kupfer

Entwicklungsstand hochpermeabler Nickel-Eisen-Legierungen

Die weichmagnetischen Ni-Fe-Werkstoffe haben heute infolge ihrer langjährigen Produktion einen hohen und auch relativ weitgehend theoretisch durchdrungenen Entwicklungsstand erreicht. Weitere Arbeiten sind aber noch erforderlich, um zu einem besseren Verständnis der inneren Struktur zu gelangen. Die vielseitigen physikalischen Eigenschaften dieser Legierungsgruppe haben zu wesentlichen Verbesserungen der elektrotechnischen und elektronischen Geräte beigetragen. Zur Anwendung der Nickel-Eisen-Legierungen mit ihren hochgezüchteten magnetischen Eigenschaften ist zu sagen, daß sie immer nur dort zweckmäßig eingesetzt werden, wo der Anwender sowohl die werkstoffkundlichen Fragen als auch die magnetischen Zusammenhänge berücksichtigt.

Die Fortschritte in der letzten Zeit lassen eine gezielte Weiterentwicklung weichmagnetischer Ni-Fe-Legierungen erkennen, die hauptsächlich durch elektrotechnische Forderungen ausgelöst wurde. So führte die Produktion ökonomischer Fehlerstromschutzschalter zur erheblichen Verbesserung höchstpermeabler Legierungen. Die Einführung des Chromdioxid-Magnetbandes erfordert verschleißfestere Magnetkopf-Werkstoffe. Eine befriedigende Lösung dieser Aufgabe konnte durch ausscheidungsgehärtete Permalloy-Legierungen erreicht werden. Für Schalt- und Speicherzwecke haben sich Ni-Fe-Legierungen mit rechteckförmiger Hystereseschleife in bistabilen magnetischen Kreisen bewährt, wobei sich die Untersuchungen bis zu ultradünnen Bändern und Aufdampfschichten erstrecken.

Das Ni-Fe-Legierungssystem besteht festkörperphysikalisch aus zwei Elementen, die sich in ihrer elektronisch-magnetischen Struktur wesentlich voneinander unterscheiden. Während die Eigenschaften des Eisens am besten mit einem lokalisierten Modell zu verstehen sind, kann Nickel als ein Vertreter des Itinerant-Magnetismus im wesentlichen durch die Band-Theorie erklärt werden. Eine Folge davon sind die vielseitigen physikalischen Eigenschaften dieser Legierungen.

Bei den technisch genutzten Werkstoffen bildet der Ni-Fe-Mischkristall im Bereich von 30 · · · 100% Ni eine homogene γ-Phase (kfz), wobei unter 50% Ni und niedriger Temperatur eine irreversible Phasenumwandlung zum kubisch-raumzentrierten Gitter auftreten kann. Von Bedeutung ist die geordnete Atomverteilung Ni_3Fe bei Wärmebehandlungen unter 503 °C. Weiterhin konnte eine strahlungsinduzierte Ordnungsbildung vom Typ NiFe erreicht werden. Bei gleichzeitig einwirkendem Magnetfeld entstehen geordnete Kristalle bevorzugt in der der Magnetfeldrichtung benachbarten Würfelkante [1].

Höchstpermeable Legierungen

Die gegenwärtig höchsten Werte der Anfangspermeabilität μ_i von Ni-Fe-Legierungen liegen im Bereich bei 80% Ni. Theoretisch folgt sowohl für Wandverschiebungen als auch Drehprozesse die allgemeine Beziehung

$$\mu_i \sim \frac{M_s^2}{K_{eff}}$$

wobei M_s die Sättigungsmagnetisierung und K_{eff} eine effektive Anisotropiekonstante darstellen. Sie setzt sich zusammen aus [2 bis 4]

Kristallenergie	$\sim K_1$
Spannungsenergie	$\sim \lambda \cdot \sigma$
Diffusionsanisotropie	$\sim f(c, T_M)$
Walzanisotropie	$\sim f(c, \eta)$

Dabei bedeuten: K_1 Kristallenergiekonstante, λ Magnetostriktion, σ Eigenspannugen, c Legierungskonzentration, T_M Magnetfeldglühtemperatur und η Kaltverformungsgrad. Die beiden letztgenannten Anisotropien können im vorliegenden Fall vernachlässigt werden. Bei den genannten Legierungen liegt die Curietemperatur ($\leq$ 400 °C) relativ niedrig, so daß sich keine magnetisch induzierte Diffusionsanisotropie ausbilden kann. Die bei der plastischen Kaltverformung entstehende Walzanisotropie wird durch den Glühprozeß oberhalb der Rekristallisationstemperatur völlig zerstört. Daraus folgt für einen Werkstoffzustand mit hoher Permeabilität die allgemeine Bedingung

$$K = \lambda \rightarrow 0,$$

d. h., die magnetischen Grundkonstanten Kristallenergie K und Magnetostriktion λ müssen möglichst klein bzw. Null sein. Um dies zu erreichen, gibt es metallkundlich drei Möglichkeiten, die alle genutzt werden:

– die chemische Zusammensetzung einschließlich geeigneter ternärer und quaternärer Zusätze

– eine Hochtemperaturglühung zur Herstellung eines eigenspannungs- und fehlstellenfreien Gefüges
– eine Anlaßbehandlung zur Ausbildung geeigneter Ordnungszustände, wobei vor allem die Kristallenergie möglichst auf Null gebracht werden muß.

Die Permalloy-Legierungen um 80% Ni werden aus hochreinen Ausgangsstoffen im Vakuuminduktionsofen erschmolzen, wobei die Einhaltung der chemischen Zusammensetzung bis auf wenige Zehntel Prozent erforderlich ist. Großen Einfluß auf die zu erreichende Permeabilität hat die Desoxidation. Die Legierungszusätze sind bei den wichtigsten höchstpermeablen Legierungen unterschiedlich:

Supermalloy:	80 Ni – 15 Fe – 5 Mo
Mo-Permalloy:	79 Ni – 17 Fe – 4 Mo
Mumetall:	76 Ni – 17 Fe – 5 Cu – 2 Cr
	77 Ni – 14 Fe – 5 Cu – 4 Mo

Sie liegen jedoch im ternären System Ni-Fe-Me innerhalb einer Zone und können ähnlich hohe Permeabilitäten erreichen bei Hochtemperaturglühung und geeigneten Anlaßbehandlungen [5].

Abb. 1 a zeigt die Wirkung einer Hochtemperaturglühung auf die Permeabilität. Erst nach einer Glühung bei 1250 °C unter hochreinem Wasserstoff mit einem Taupunkt von mindestens –40 °C können die erforderliche Reinigungswirkung (C, S, O) und das entsprechende Kornwachstum erzielt werden. Hinreichend reine Ausgangsschmelzen gestatten auch niedrigere Glühtemperaturen von etwa 1100 °C.

Das nachfolgende Anlassen im Bereich von 520 °C bis 420 °C führt zu einer wesentlichen Permeabilitätssteigerung (Abb. 1 b). Mit der sich hier ausbildenden Nahordnung kann die magnetische Kristallenergie verändert und auf den Wert Null gebracht werden [6 bis 8]. Auf diese Weise gelingt es, auch unter Produktionsbedingungen, an 80 Ni-Fe-Mo-Legierungen mit Bandstärken von 0,1 mm bei 50 Hz extrem hohe Permeabilitäten

$$\mu_i \approx 130\,000 \qquad \mu_4 \approx 200\,000 \qquad \mu_{max} \approx 300\,000$$

bei einer Glühung von etwa 1100 °C zu erzielen. Diese Permeabilitäten werden z. B. bei den Summenwandler-Ringkernen für Fehlerstromschutzschalter auch voll genutzt. Im internationalen Trend zeichnet sich ab, daß diese Werkstoffgruppe nur noch von wenigen hochspezialisierten metallurgischen Werken in großen Chargeneinheiten bis zu 10 t hergestellt und als Kaltband den zahlreichen Produzenten und Anwendern weichmagnetischer Kerne geliefert wird. Diese nehmen dann selbst die Weiterverarbeitung und Wärmebehandlung vor.

Aus dem gleichen Verhalten aller höchstpermeablen Ni-Fe-Legierungen sind Annahmen über ihre Struktur abgeleitet worden [9 bis 11]. Danach sollen sich während des Anlassens ferromagnetische Ni_3Fe- und nichtferromagnetische NiMe-Komplexe bilden. Mit diesem Modell lassen sich die wichtigsten physikalischen Änderungen deuten sowie die Wirkung der verschiedenen Zusatzelemente und ihrer Konzentration verstehen. Neuere Arbeiten [12] zeigen, daß die Zusatzelemente Cr, Mo, W, V, N, Ta, aber auch Cu die Ni_3Fe-Fernordnung zerstören, während sie bei den Legierungselementen Ti, Mn, Al, Si und Ge erhalten bleibt. Die ternären Zusatzelemente sollen die Nulldurchgänge von K und λ möglichst auf eine Legierung konzentrieren, was bei binären Ni-Fe-Legierungen bekanntlich nicht gelingt.

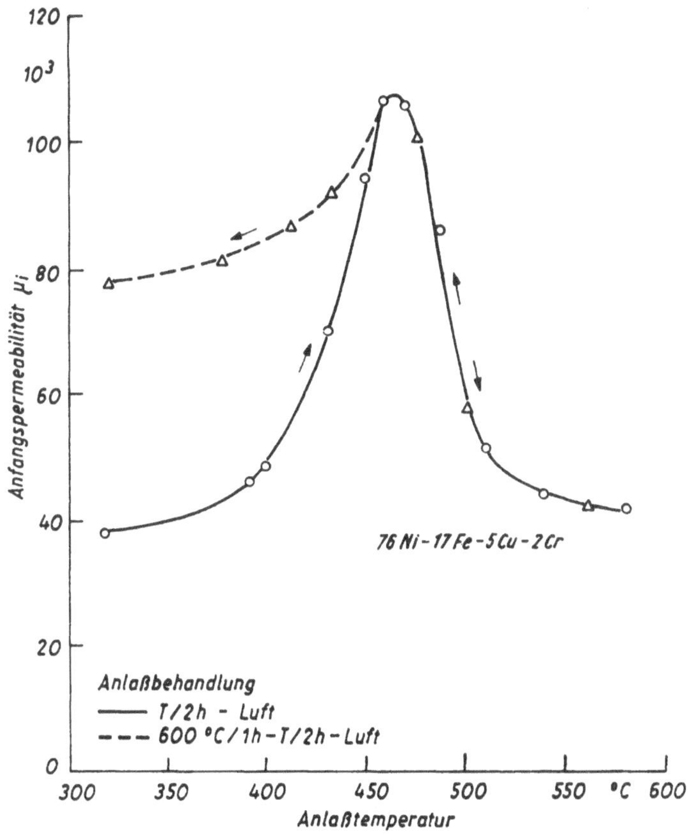

Abb. 1 a Anlaßbehandlung zur Permeabilitätserhöhung durch Ausbildung von Ordnungszuständen.

Eine Vorhersage der $K_1 = \lambda = 0$ Schnittpunkte in ternären Ni-Fe-Me-Systemen ist möglich [11], offenbar aber nur bei den Elementen, die eine Überstrukturbildung unterdrücken. Die Magnetostriktion λ wird in Nickel-Mischkristallen nach [13] zu Null bei einem magnetischen Moment $m = 0\,\mu_B$ oder $m = 1\,\mu_B$, je nachdem ob ferro- oder nichtferromagnetische Elemente zulegiert werden. In Abb. 2 sind deshalb die Nullinien der Magnetostriktion als Verbindungsgeraden der Nullstellen der Randsysteme Ni-Fe und Ni-Me festgelegt.

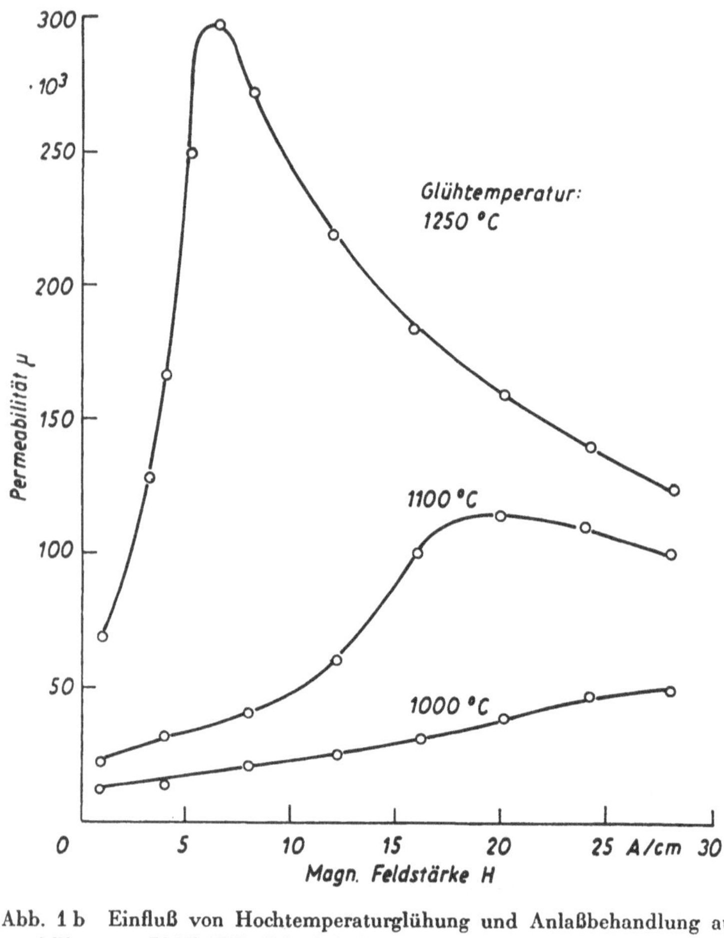

Abb. 1 b Einfluß von Hochtemperaturglühung und Anlaßbehandlung auf die Permeabilität von 76 Ni-17 Fe-5 Cu-2 Cr-Legierungen

Die erforderliche Konzentration c des Me-Zusatzes für $m = 0\,\mu_B$ im Randsystem Ni-Me beträgt je nach Wertigkeit 60% (einwertig) oder 30% (zweiwertig) usw. Sie dient zum vollständigen Auffüllen der 3 d-Schale des Nickels. Die Nulllinien der Kristallenergie werden in ähnlicher Weise gebildet, wobei auf der Ni-Me-Seite diejenige Me-Konzentration gewählt wird, bei der $K_1 = 0$, d. h.,

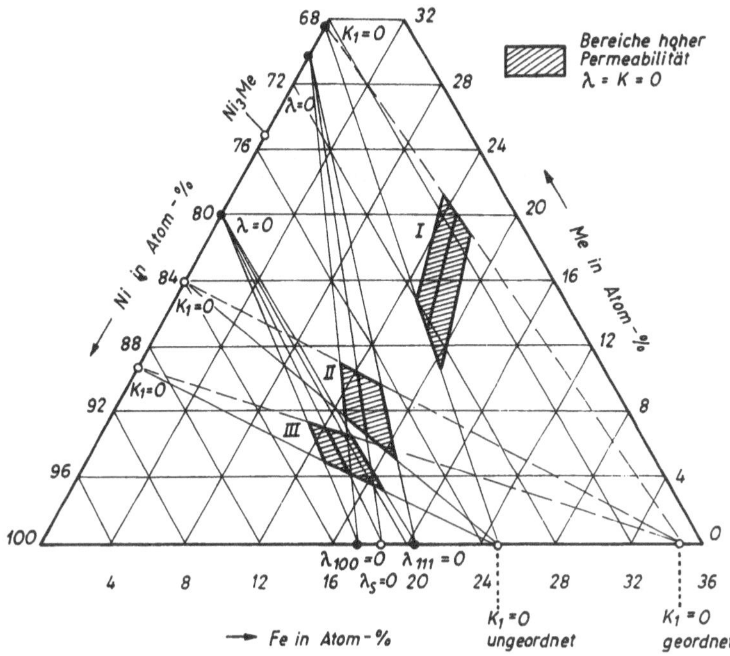

Abb. 2 Bestimmung höchstpermeabler Zusammensetzungen im ternären System Ni-Fe-Me für verschiedene Wertigkeiten I, II und III des Zusatzelementes Me [11]

die Curietemperatur auf Raumtemperatur abfällt. Die sich so ergebenden Schnittpunkte bzw. Bereiche für $K_1 = \lambda = 0$ sind in Abb. 2 für verschiedene Wertigkeiten eingetragen (z = I, II und III). Mit der Bedingung $\Sigma\, c_i z_i = 19{,}5\%$ gilt folgende Regel für die chemische Zusammensetzung aller höchstpermeablen Ni-Fe-Legierungen:

$$\Sigma\, c_i z_i\ \%\ \text{Me} + 14{,}5\%\ \text{Fe} + \text{Rest}\ \%\ \text{Ni}$$

An hochpermeablen Permalloy-Legierungen lassen sich durch geeignetes Anlassen auch rechteckförmige Hystereseschleifen erzielen [14]. Die sogenannte „spontane Rechteckschleife“ mit $B_R/B_S \approx 0{,}8$ entsteht bei vielen weichmagnetischen Werkstoffen, wenn in eigenspannungsfreiem Gefüge die Kristallenergie mit kubischer Symmetrie $K_1 \neq 0$ den Magnetisierungsprozeß bestimmt und die Magnetostriktion $\lambda \approx 0$ ist.

Verschleißfeste Permalloy-Legierungen

Die zunehmende Verbreitung der Magnetband-Speichertechnik durch Rechner und EDV-Anlagen, sowie die unbefriedigende Lebensdauer der dazu benötigten Magnetköpfe führen zwangsläufig zur Entwicklung neuer Magnetkopfwerkstoffe. Die Arbeiten umfassen integrierte Schichtmagnetköpfe, weichmagnetische Ferrite, aber auch metallische Werkstoffe. Vielseitige Anforderungen müssen erfüllt werden:

- hohe Anfangspermeabilität $\mu \geqq 10\,000$ für die Signalwiedergabe und ausreichende Induktion für den Aufzeichnungsvorgang $B > 0{,}5$ T
- hoher spezifischer elektrischer Widerstand zur Erhöhung der Grenzfrequenz, Videotechnik bis 11 MHz
- geringer Abrieb, hohe mechanische Verschleißfestigkeit, d. h. lange Lebensdauer

Bei der Werkstoffpaarung Metall-Mineral ist der Verschleiß besonders hoch, da das Schleifmittel wesentlich härter als der Grundkörper ist und es während der Bandbewegung zu einer regelrechten Mikrozerspanung kommt. Unter diesen Bedingungen gibt die mechanische Härte der metallischen Werkstoffe näherungsweise ein Maß für den Abrieb.

Untersuchungen [15] an Mo-Permalloy zeigen Verbesserungsmöglichkeiten durch niedrigere Glühtemperaturen. Da diese Behandlung für Anfangspermeabilitäten von 15 000 ausreicht, gelingt es, ein wesentlich feinkörnigeres Gefüge herzustellen, das einen besseren Verschleißwiderstand ergibt. Japanische Arbeiten [16] beschäftigen sich mit ternären Zusätzen (Niob und Tantal) zu Ni-Fe-Legierungen. Es treten dabei hochpermeable Werte bei 8% Nb bzw. 15% Ta auf mit einer gleichzeitigen Härtesteigerung von HV auf 200 kp/mm^2. Wesentlich größere Effekte können jedoch durch Ausscheidungshärtung erreicht werden [17].

Von den Superalloys auf Nickelbasis sind Verfestigungs-Mechanismen durch Ausscheidungen geordneter intermetallischer Verbindungen bekannt. Die kohärenten γ'-Ausscheidungen, verursacht durch Legierungszusätze von Titan, Aluminium und/oder Niob, sind sehr fein, kugelförmig und gleichmäßig über das Gefüge verteilt. Ähnlich dürfte die Ausscheidungshärtung von Permalloy-Legierungen vor sich gehen, wobei die Ausscheidungszusätze (Ti, Al, Nb) vor allem auf Kosten des Fe- und Me-Gehaltes gehen, um in der Matrix wieder die Bedingungen für höchstpermeable Legierungen zu erfüllen ($K_1 = \lambda = 0$).

Um die hohe Permeabilität zu halten, müssen die Ausscheidungen wesentlich kleiner als die Blochwanddicke sein. Sie lassen sich deshalb auch elektronen-

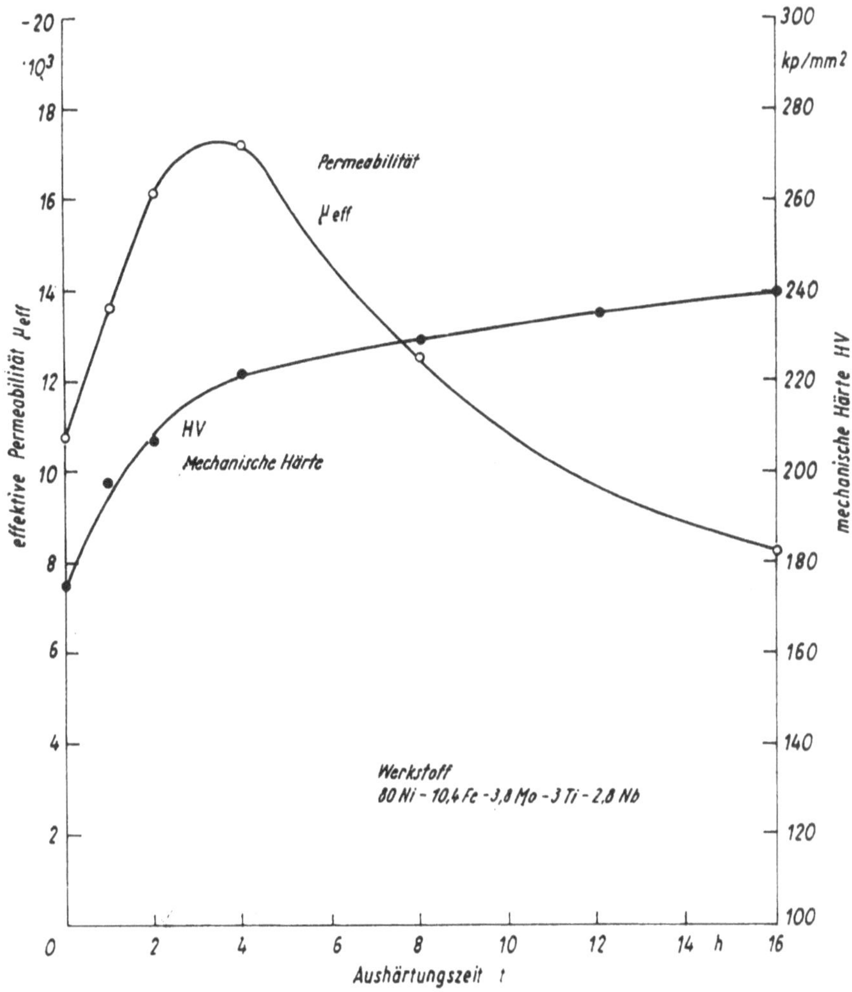

Abb. 3 Abhängigkeit der effektiven Permeabilität und mechanischen Härte von der Aushärtungszeit bei 630 °C; [17]

mikroskopisch nicht klar nachweisen. Aus Abb. 3 ist sichtbar, wie mit zunehmender Aushärtungszeit bei 630 °C, d. h. mit zunehmender Größe der Ausscheidungen die Permeabilität abfällt. Das Maximum im μ_{eff}-Verlauf dürfte eine Folge des Abbaus der Übersättigung an Legierungszusätzen sein.

Bei der hochpermeablen Legierung 80% Ni, 10,4% Fe, 3,8% Mo, 3% Ti, 2,8% Nb konnte nach der Aushärtung bei 630 °C eine Härtesteigerung auf 240 bis 300 kp/mm² gegenüber Permalloy mit 120 kp/mm² erreicht werden [17]. Die folgende Tabelle zeigt den verminderten Verschleiß. Bandgeschwindigkeit 3 m/s, Kontaktdruck 1 kp/cm².

Prüfzeit in Std.:	3	6	9
Abriebtiefe in mm bei			
Permalloy	0,035	0,095	0,20
Ti-Nb-Permalloy	—	0,007	0,015

Diese Magnetkopf-Legierungen haben sich auch bei Chromdioxid-Magnetbändern gut bewährt.

Magnetfeldgeglühte Legierungen

Eine zweite wichtige Legierungsgruppe des Ni-Fe-Systems umfaßt den Bereich von 48—65% Ni. Die Permeabilität liegt hier erheblich niedriger, jedoch erreicht die Sättigungsinduktion etwa die doppelten Werte der höchstpermeablen 80 Ni-Fe-Legierungen. Außerdem ermöglicht die höhere Curietemperatur mit dem Maximum bei 65% Ni die erfolgreiche Durchführung von Magnetfeldglühungen. Mit Hilfe der Würfellagentextur lassen sich an Ni-Fe-Legierungen mit mittlerem Ni-Gehalt infolge der positiven Kristallenergie ausgeprägte Rechteckschleifen herstellen.

In letzter Zeit konnte die Permeabilität dieser Werkstoffgruppe beachtlich erhöht werden, hauptsächlich durch die Ausnutzung von zwei Effekten [18 bis 20]:

— Kornwachstum durch Sekundärrekristallisation und höheren Reinheitsgrad
— isotherme Magnetfeldglühungen

Bei Kaltverformung über 95% bilden Ni-Fe-Legierungen eine (100)[001]-Primärrekristallisationstextur [21], die oberhalb 500 °C sich entwickelt und durch selektives Kornwachstum bis 900 °C noch an Texturschärfe gewinnt. Die gleichmäßige Kornorientierung wird zu einem Wachstumshindernis. Bei Glühtemperaturen über 1050° bis 1100 °C entfällt diese Hemmung, es setzt eine sprunghafte Kornvergrößerung ein — die Sekundärrekristallisation.

Abb. 4 zeigt das typische Feinkorngefüge der Würfellagentextur mit zahlreichen Zwillingen unter 45° zur Walzrichtung und das Grobkorn nach der Sekundärrekristallisation. Die Textur ist hier weniger scharf, es überwiegen (210) [001]-Lagen.

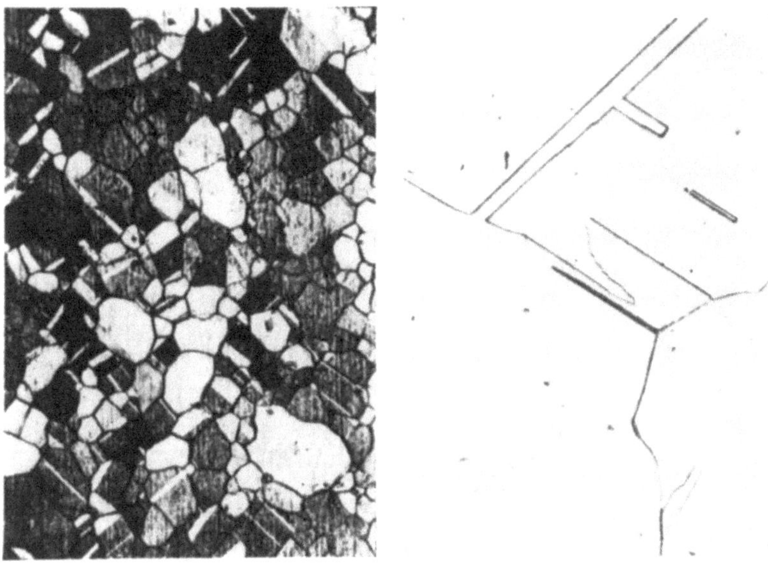

a) b)

Abb. 4 a) Feinkörniges Würfellagengefüge, b) Grobkorn nach Sekundärrekristallisation

Mit der Änderung der Struktur ändern sich gleichzeitig die magnetischen Eigenschaften. Abb. 5 zeigt die Remanenz B_R und die Anfangspermeabilität μ_5 in Abhängigkeit von der Glühtemperatur. Mit der Bildung der Würfellagen steigt die Remanenz steil an, μ_5 bleibt, wie nach der Domänentheorie zu erwarten, relativ niedrig. Erst nach beginnender Sekundärrekristallisation steigt die Anfangspermeabilität steil an, um nach einer Glühung bei 1200 °C Werte von $\mu_5 = 16\,000$ zu erreichen.

Der Einfluß des Korndurchmessers d_k auf die Koerzitivfeldstärke H_c geht auch aus [22]

$$H_c = \frac{15}{16} \pi \frac{\gamma_w}{\mu_0 M_s} \frac{1}{d_k}$$

hervor. Dabei ist γ_W die Wandenergie. Weitere Untersuchungen an 47,5 Ni-Fe-Legierungen bestätigen den Zusammenhang [23].

Bei der Wechselfeldmagnetisierung von Texturblech-Ringkernen mit Rechteckschleife zeigt sich oft eine unsymmetrische Hystereseschleife, wenn die Aussteuerung nicht bis zur Sättigung erfolgt. Abb. 6 veranschaulicht den Effekt im 1. Quadranten der Schleife. Er ist auch im Zeitverlauf der Feldstärke H an den Spitzen zu erkennen. Bei Magnetkernen in Regel- und Steuerschaltungen kann

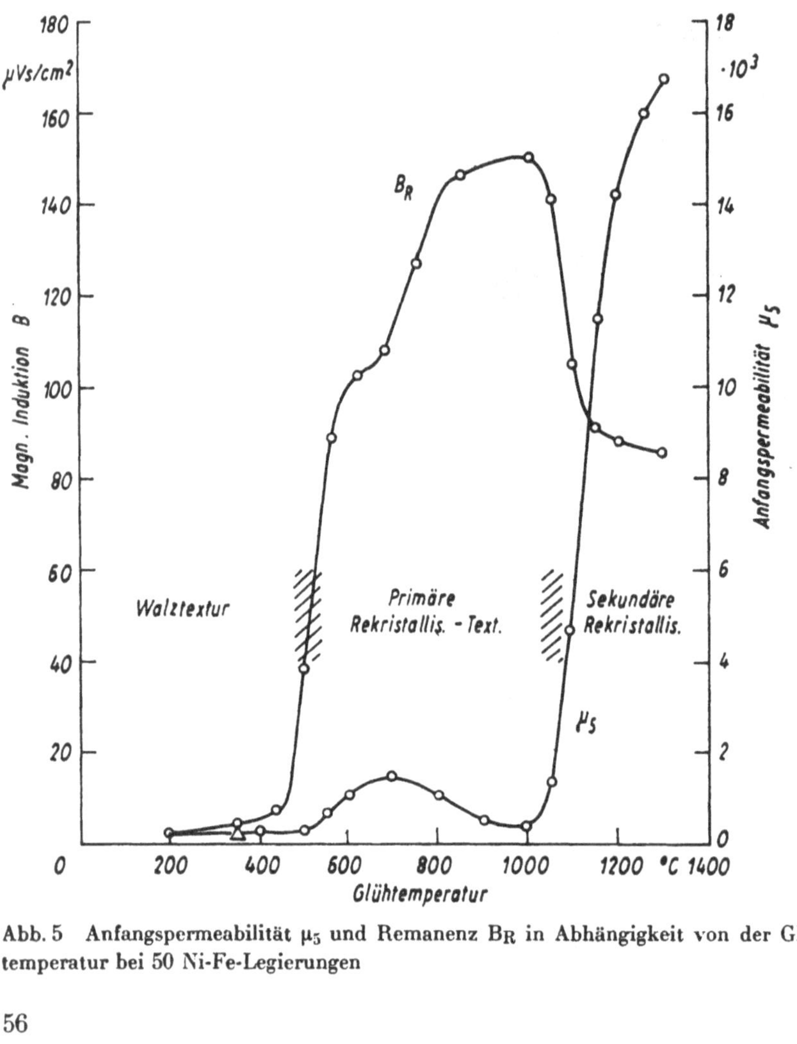

Abb. 5 Anfangspermeabilität μ_5 und Remanenz B_R in Abhängigkeit von der Glühtemperatur bei 50 Ni-Fe-Legierungen

sich diese Erscheinung unangenehm auswirken. Sie kommt offenbar dadurch zustande, daß bei der Ummagnetisierung im steilen Teil der Rechteckschleife, die durch 180°-Wandverschiebungen abläuft, ein geringer Anteil von magneti-

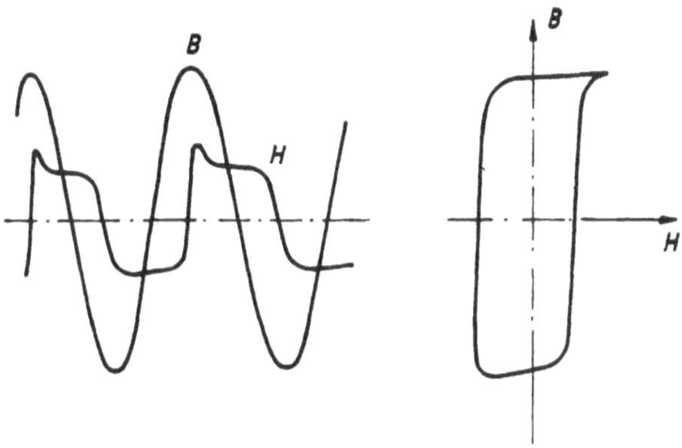

Abb. 6 Unsymmetrische Wechselfeldschleife bei Aussteuerungen unterhalb der Sättigung. Zeitverlauf der Feldstärke H (unsymmetrisch) und der sinusförmigen Induktion B

schen Bereichen nicht ummagnetisiert wird. Es entsteht eine sogenannte „innere Vormagnetisierung". Die Ursache hierfür sind wahrscheinlich Gitterfehler. Eine Beseitigung bzw. ein Abbau dieser Störung ist durch Erhöhung der Glühtemperatur möglich, jedoch ist der Temperaturbereich durch die auftretende Sekundärrekristallisation stark eingeschränkt.

Bei der Wärmebehandlung von Mischkristallen im Magnetfeld unterhalb der Curietemperatur bilden sich bei ausreichender Diffusionsmöglichkeit gleichartige Atompaare auf benachbarten Gitterplätzen aus, so daß ihre Bindungsachse möglichst nahe in Richtung der spontanen Magnetisierung liegt. Werden diese Lagen bei der Abkühlung eingefroren, entsteht eine sogenannte Richtungsordnung bzw. Diffusionsanisotropie.

Die Ausbildung dieser magnetfeldinduzierten Anisotropie ist grundsätzlich nicht an ein äußeres Magnetfeld gebunden, da die Kopplungsenergie des Atompaares von dem Winkel zwischen der Paarachse und der Richtung der lokalen Magnetisierung abhängt. Die spontane Magnetisierung innerhalb eines Weißschen Elementarbezirkes ruft deshalb die gleiche Wirkung hervor. Allerdings ist dann keine einheitliche Ausrichtung mehr gegeben. Die zufällige Lage des Bloch-Wandsystems wird auf diese Weise stabilisiert. Man erhält die Perminvarschleifenform.

Abb. 7 zeigt die Erscheinung an einer 50 Ni-Fe-Legierung mit Würfellagentextur und Rechteckschleife. Nach dem Anlassen bei 450 °C/12 Std., d. h. unter der Curietemperatur, aber ohne äußeres Feld, ist die Rechteckschleifenform völlig verändert infolge der durch die innere spontane Magnetisierung induzierten Richtungsordnung der Atome. Wie die Tiefätzung zeigt, bleibt die Textur vollständig erhalten.

Aus der directional order Theorie [24] folgt wegen der ungleichmäßigen Verteilung der 3 Atompaar-Sorten AA, BB und AB durch die Magnetfeldglühung eine uniaxiale Anisotropieenergie E_u:

$$E_u = - K_u \cos^2 \Theta = - \frac{2 N l_1 l_2}{15 kT} \cdot \cos^2 \Theta$$

wobei K_u die induzierte uniaxiale Anisotropiekonstante und Θ der Winkel zwischen der Magnetfeldrichtung beim Glühen und der Lage des Magnetisierungsvektors ist. K_u ist abhängig von der Anzahl gleichartiger Atompaare N, verschiedenen Wechselwirkungskonstanten l_1, l_2 und der Glühtemperatur T im Magnetfeld.

Die Auswirkung einer Magnetfeldglühung auf Permeabilität und Schleifenform hängt vom Verhältnis der beiden Richtenergien ab, die die Lage des Magnetisierungsvektors bestimmen:

magnetfeldinduzierte Anisotropie K_u : magnetische Kristallenergie K_1

a) $K_u > K_1$. Die „eingeglühte" uniaxiale Anisotropie K_u bestimmt den Magnetisierungsvorgang. Es entsteht eine Rechteckschleife. Typische Beispiele sind Ni-Fe-Legierungen mit etwa 65% Ni. Der geringen Kristallenergiekonstante $K_1 \approx 0$ steht ein K_u von etwa $4 \cdot 10^3$ erg cm^{-3} gegenüber. Es werden Maximalpermeabilitäten von $\approx 10^6$ und Koerzitivfeldstärken von $\approx 0{,}005$ Oe nach Magnetfeldglühungen erzielt.
b) $K_u \approx K_1$. Dieses Verhältnis kann durch entsprechende Wahl der Legierungen und der Magnetfeld-Glühtemperatur (isotherm) erreicht werden. Bei Ni-Fe-Legierungen im Bereich um 50% Ni kann dieser Übergangszustand zwischen Rechteck- und Normalschleife leicht realisiert werden. Dadurch wird die Anfangspermeabilität verbessert [18 bis 20], Abb. 8.

In Abb. 8 sind Permeabilitätskurven von Gleich- und Wechselfeldmessungen für die beiden Fälle dargestellt. Die Rechteckschleife (a) — rechts hat niedrige Anfangs- und hohe Maximalpermeabilität. Die magnetischen Eigenschaften bei 50 Hz werden durch die Wirbelströme ungünstig beeinflußt, da $\Phi/dt \rightarrow \infty$. Bei Übergangsschleifen erhöht sich die Anfangspermeabilität, und der Wirbelstrom-

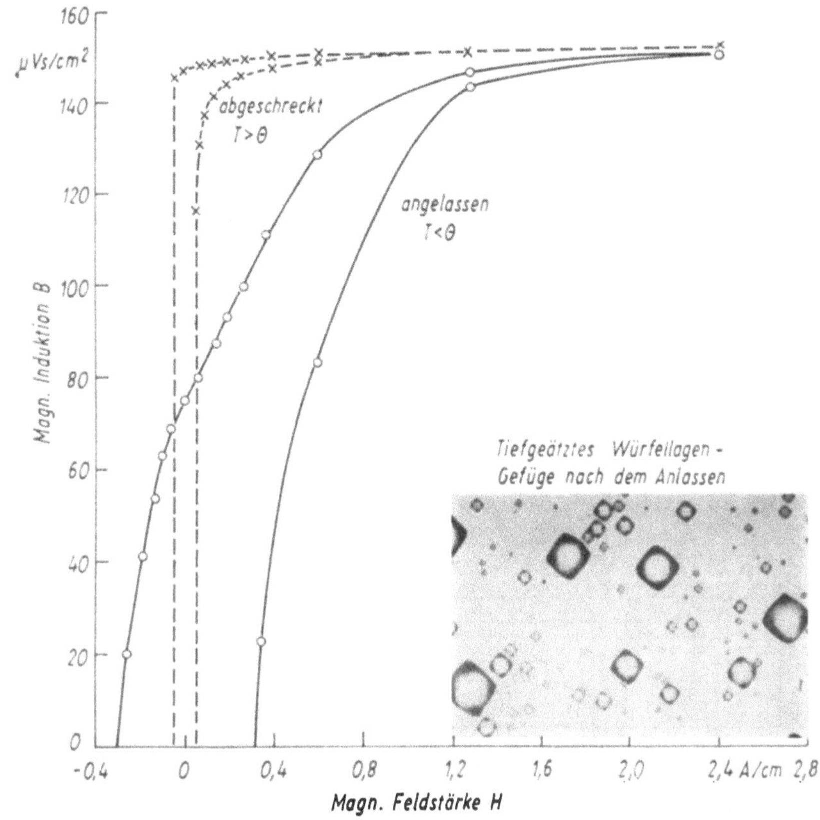

Abb. 7 Veränderung der Hystereseschleife von Würfeltexturblech durch Anlassen unterhalb der Curietemperatur bei 450°/12 Std. Ausbildung magnetfeldinduzierter Richtungsordnungen innerhalb der Domänen durch die spontane Magnetisierung

einfluß wird infolge der veränderten Domänenkonfiguration abgeschwächt. Wesentlich bei Magnetfeldglühungen, besonders für die Anfangspermeabilität sind Reinheitsgrad bzw. Sekundärrekristallisation:

Permeabilität $\times\ 10^{-3}$

	sekundär rekristallisiert			primär rekristallisiert		
	$\mu_{0,8}$	μ_4	μ_{max}	$\mu_{0,8}$	μ_4	μ_{max}
54 Ni Fe	43	114	225	23	49	215
51 Ni Fe	30	51	120	14	24	103

Die Proben bestehen aus 0,1 mm dicken Bändern, die im Gleichfeld gemessen wurden. Mehrere Arbeiten [24, 25] berichten über die Wirkung des Sauerstoffgehaltes in Ni-Legierungen auf die magnetfeldinduzierte Anisotropie. Bei Sauer-

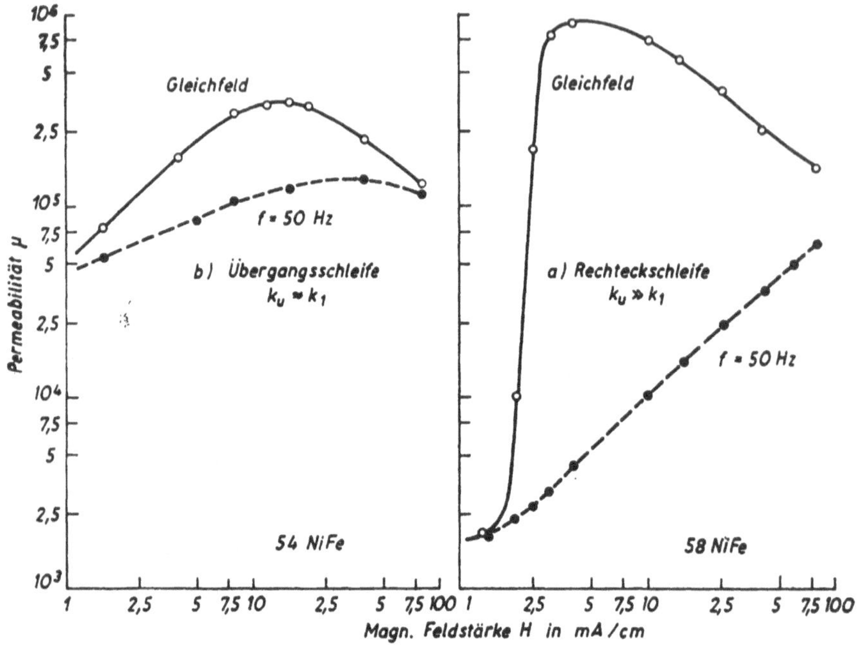

Abb. 8 Gleich- und Wechselfeldpermeabilitäten bei verschiedener Magnetfeldglühung. a) Rechteckschleife $K_u > K_1$, b) Übergangsschleife $K_u \approx K_1$

stoffgehalten von 0,0006% und weniger blieb die Magnetfeldglühwirkung aus, während sie an Proben mit 0,007% wieder beobachtet wurde. Hochtemperaturglühungen führen bei geeigneter Glühatmosphäre zu einer Reinigungswirkung. So ergeben sich nach einer Glühung bei 1200 °C folgende typische Werte:

$$C \approx 0{,}004\% \qquad O \approx 0{,}0085\% \qquad S \approx 0{,}003\%$$

wobei die Ausgangswerte etwa um einen Faktor 5 höher liegen.

Zunehmend werden Magnetfeldglühungen senkrecht zur späteren Nutzfluß-Richtung durchgeführt. Infolge der induzierten Quer-Vorzugslage der spontanen Magnetisierung tritt bei $K_u > K_1$ eine sehr flache Hystereseschleife mit extrem niedriger Remanenz auf. Es können Remanenzverhältnisse von $B_R/B_S \leq 0{,}1$ realisiert werden.

Diese Werkstoffe sind von Interesse bei der Herstellung von Drosseln und Übertragern für Halbleitersteuerungen, z. B. bei Thyristoren. Der Trend der vergangenen Jahre zeigt, daß Ni-Fe-Legierungen mit mittlerem Nickelgehalt und Magnetfeldglühung breitere Anwendung finden, wobei sich auch neue Einsatzgebiete [26] in der Leistungselektronik abzeichnen.

Literatur

[1] Pauleve, J., D. Dautreppe, J. Laugier und L. Néel: Compt. Rend. 254 (1962) S. 965.
Pauleve, J., A. Chamberod, K. Krebs und A. Marchand: Trans. Mag. 2 (1966) S. 475.

[2] English, A. T., und G. Y. Chin: J. Appl. Phys. 38 (1967) S. 1183.

[3] Mager, A., in: Nickel und Nickellegierungen, Berlin, Springer Verlag 1970, S. 55.

[4] Kneller, E.: „Ferromagnetismus", Berlin, Springer Verlag 1962.

[5] Assmus, F., und F. Pfeifer: Metall 7 (1953) S. 189.

[6] Pfeifer, F., in: Nickel und Nickellegierungen, Berlin, Springer Verlag 1970, S. 73.
Puzej, I. M.: Fis. Met. Metallovedenije 14 (1962) S. 374.

[7] Lykens, A. A.: J. Appl. Phys. 33 (1962) S. 1232.

[8] Jackson, R. C., und E. W. Lee: J. Mater. Sci. 1 (1966) S. 362.

[9] Walters, R.: Conf. MMM, New York 1957, S. 258. Rawdel, M., und Ja. Selissky: Fis. Met. Metallovedenije 7 (1959) S. 885.

[10] Enoch, R., und H. Fudge: Brit. J. Appl. Phys. 17 (1966) S. 623.
Enoch, R., und D. Murrell: IEEE Trans. Mag. 5 (1969) S. 370.

[11] Rassmann, G., und U. Hofmann: J. Appl. Phys. 39 (1968) S. 603.

[12] Gomankov, V. I., I. M. Puzej, E. V. Kozis, E. I. Maltsev und B. N. Mokhov: Fis. Met. Metallovedenije 38 (1974) S. 647.

[13] Went, J.: Physica 17 (1951) S. 98.

[14] Pfeifer, F.: Z. angew. Phys. 13 (1961) S. 177.

[15] Finke, G. B.: IEEE Trans. Mag. 5 (1969) S. 47.

[16] Masumoto, H., Y. Murakami und M. Hinoi: Trans. JIM 13 (1972) S. 182. J. Jap. Inst. Metals 36 (1972) S. 63.

[17] Miyazaki, R. Sawada und Y. Ishijima: IEEE Trans. Mag. 8 (1972) S. 501.

[18] Rassmann, G., und H. Wich: Berichte der Arb.-Gemeinschaft Ferromagnetismus Düsseldorf (1960) S. 187.

[19] Fahlenbrach, H.: Techn. Mitt. Krupp 26 (1968) S. 17. Fahlenbrach, H.: Int. Elektron. Rdsch. 28 (1974) S. 187, S. 211.

[20] Pfeifer, F.: Z. Metallkde. 57 (1966) S. 240. Kang, I., H. Scholefield und A. Martin: J. Appl. Phys. 38 (1967) S. 1178.

[21] Wassermann, G., und J. Grewen: „Texturen metallischer Werkstoffe", Berlin, Springer Verlag 1962. Casani, R., W. Klawitter und A. Lykens: J. Appl. Phys. 37 (1966) S. 1202.

[22] MAGER, A.: Ann. Phys. 11 (1952) S. 15.
[23] ADLER, E., und H. PFEIFFER: IEEE Trans. Mag. 10 (1974) S. 172.
[24] NESBITT, E., B. BATTERMAN, L. FULLERTON und A. WILLIAMS: J. Appl. Phys. 36 (1965) S. 1235. NESBITT, E., R. HEIDENREICH und A. WILLIAMS: J. Appl. Phys. 31 (1960) S. 2285.
[25] STEFAN, M.: IEEE Trans. Mag. 10 (1974) S. 136.
[26] PFEIFER, F., und R. BOLL: IEEE Trans. Mag. 5 (1969) S. 365.

Harry Wich

Eisenbasislegierungen mit hohem elektrischem Widerstand für weichmagnetische Formteile

Den Anlaß zur Durchführung von Arbeiten auf diesem Gebiet gaben die immer wieder auftretenden Schwierigkeiten in der elektrotechnischen Schaltgeräte-Industrie mit magnetischen Werkstoffen. Bei der Verarbeitung von Elektroblechen zu lamellierten magnetischen Kreisen, z. B. für Relais und Schaltschütze, mußten oft vielfältige Störungen bis zum völligen Funktionsausfall dieser Greäte infolge zu hoher Remanenzkräfte (Kleben) oder unzulässig hoher Stromaufnahme (Erwärmung) überwunden werden. Auch Geräuschprobleme bis zum Aufblättern der vernieteten Blechpakete mit zunehmender Schaltzahl traten als Störeffekte in Erscheinung.

Als wichtigstes Grundelement des fernbetätigten elektrischen Schalters werden Elektromagnete infolge der Automatisierungsprozesse in immer größeren Stückzahlen benötigt. Gebrauchseigenschaften und Lebensdauer hängen maßgebend von den benutzten weichmagnetischen Werkstoffen und ihrer Verarbeitung ab. Der gegenwärtig übliche Aufbau von Wechselstrom-Schaltmagneten aus lamellierten Blechpaketen erfordert einen hohen Aufwand durch die Blechherstellung, Isolier-, Schneid- und Stanzarbeiten sowie das Paketieren und Nieten bzw. Schweißen. Abgesehen von dem bei dieser Technologie auftretenden Verschleiß an Maschinen und Werkzeugen, verschlechtern sich auch die magnetischen Eigenschaften der benutzten Elektrobleche und Relaiswerkstoffe durch den Verarbeitungsprozeß.

Diese unkontrollierbare Verschlechterung der magnetischen Eigenschaften bei der Verarbeitung zu lamellierten Kernen ist die Hauptursache für die aufgetretenen Störungen. So erhöht sich z. B. die Koerzitivfeldstärke von etwa 0,4 A/cm bis 1,0 A/cm meist um über das Doppelte. Die Abnahme der magnetischen Induktion im mittleren Bereich, d. h. der Arbeitsinduktion, kann bis zu 40% erreichen.

Aus diesen Erkenntnissen und der Tatsache, daß bei kleineren magnetischen Kreisen im allgemeinen die Erwärmungsgrenze durch die Verluste in den Spulen bestimmt wird, drängte sich die Frage auf, ob hier nicht ein völlig anderer

Weg zweckmäßiger ist: die Herstellung kompakter Formteile unmittelbar aus der Schmelze nach hocheffektiven Gußverfahren ohne nennenswerte Nachbearbeitung. Dazu werden geeignete magnetische Werkstoffe benötigt, die einen möglichst hohen spezifischen elektrischen Widerstand ϱ besitzen, um die zu erwartenden höheren Wirbelstromverluste V_w

$$V_w = \frac{\pi^2 B_m^2 d^2 f^2}{6\varrho}$$

zu begrenzen. In der vereinfachten Beziehung bedeuten: B_m die Maximalinduktion, d die Wanddicke und f die Frequenz.

Dabei stößt man auf ein zentrales Problem der magnetischen Werkstoffentwicklung. Die heutigen Grenzen weichmagnetischer Werkstoffe werden in der Wechselfeld-Anwendung im wesentlichen durch ihren elektrischen Widerstand bestimmt, Was nützen z. B. Maximalpermeabilitäten von über 10^6, die mühelos hergestellt werden können, wenn sie im 50 Hz-Wechselfeld infolge der Wirbelströme auf einige Prozent zusammenbrechen? Daraus folgt, daß wesentliche Fortschritte auf dem Gebiet der weichmagnetischen Werkstoffe generell nur unter Berücksichtigung der elektrischen Eigenschaften zu erreichen sind.

Elektrischer Widerstand metallischer Systeme

Die aufgestellte Forderung nach gleichzeitiger Weiterentwicklung magnetischer und elektrischer Eigenschaften stellt ein schwieriges und vielschichtiges Problem der Festkörperphysik dar [1—3]. Eine Übersicht über die wichtigsten prinzipiellen Streueffekte beim Transport elektrischer Ladungen durch Metalle zeigt Abb. 1 mit einem Schema der Temperaturabhängigkeit des elektrischen Widerstandes.

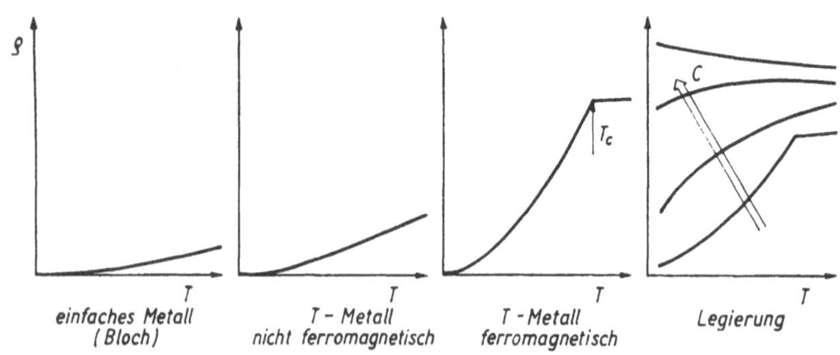

Abb. 1 Schema zur Temperaturabhängigkeit ϱ (T) des elektrischen Widerstandes metallischer Systeme

Das Bloch-Modell vom einfachen Metall beruht auf dem Ladungstransport von s-Elektronen in einem Band, wobei nur die 2 Streuanteile von der temperaturabhängigen Phononenstreuung $\varrho_G(T)$ und die Wechselwirkung mit Gitterdefekten ϱ_0 wirksam werden. Der Widerstand von Übergangsmetallen ist infolge der zusätzlichen Mott s-d-Streuung wesentlich höher. Die Wahrscheinlichkeit solcher Übergänge vom s- zum d-Band wird proportional zur Zustandsdichte im d-Band angenommen, die bekanntlich sehr hoch liegt.

Bei dem ferromagnetischen Übergangsmetall erkennt man einen weiteren zusätzlichen Streuterm, der bis zur Curietemperatur stark ansteigt. Er wird als spin-disorder Widerstand ϱ_M bezeichnet und erreicht seinen Maximalwert bei völliger Unordnung der Spins. Das für Legierungen gezeichnete Schema der Temperaturabhängigkeit des Widerstandes trifft nur für eine bestimmte Gruppe zu. Der Pfeil zeigt in der Kurvenschar die zunehmende Konzentration c eines 2. oder 3. Legierungselementes an, wobei sich die Widerstandscharakteristik grundlegend ändert und der Temperaturkoeffizient von positiven Werten schließlich negativ wird. Der hohe Widerstand bei Raumtemperatur kommt den gestellten Forderungen am nächsten und wird noch behandelt.

Zunächst noch einige Bemerkungen zum Streueffekt durch die geordneten Spins ferromagnetischer oder antiferromagnetischer Kristalle. Bei vollständiger Spinordnung verschwindet er und erreicht am Curiepunkt, d. h. bei vollständiger Unordnung seinen Höchstwert ϱ_M. Im paramagnetischen Bereich bleibt ϱ_M konstant. Wie Abb. 2 zeigt, kann der spin-disorder Widerstand experimentell durch Extrapolieren der Widerstandsgeraden im ϱ(T)-Diagramm von den Meßwerten oberhalb der Curietemperatur auf 0 °K bestimmt werden. Bei der untersuchten 50 Fe-Co-Legierung beträgt er 72 $\mu\Omega$cm. Aus dem Bild ist weiterhin die Aufteilung des Gesamtwiderstandes $\varrho = \varrho_G + \varrho_M$ zu erkennen. Die Streuung durch Gitterdefekte ϱ_0 konnte hier vernachlässigt werden. Der Sprung in der ϱ(T)-Kurve bei 1250 °K wird durch eine Phasenumwandlung verursacht.

Der spin-disorder Widerstand entsteht durch eine Wechselwirkung zwischen den an Gitterpunkten lokalisierten 3d-Elektronen mit unkompensiertem Spin und den Leitungselektronen. Eine Berechnung scheint möglich nach der Beziehung [4—6]:

$$\varrho_M = \frac{K_0\,(mG)^2}{4\pi e^2 \xi h^3} \cdot S\,(S+1) = K \cdot S\,(S+1)$$

wobei G eine Kopplungskonstante, h das Plancksche Wirkungsquantum, ξ Anzahl der Leitungselektronen, m ihre Masse und e ihre Ladung darstellen. Die Konstante K wurde zu 30 $\mu\Omega$cm [6] ermittelt, folglich hängt vom Term S (S + 1) entscheidend der Betrag von ϱ_M ab, wobei S den das magnetische Moment verursachenden Elektronenspin pro Atom darstellt. Die Rechnungen stimmen

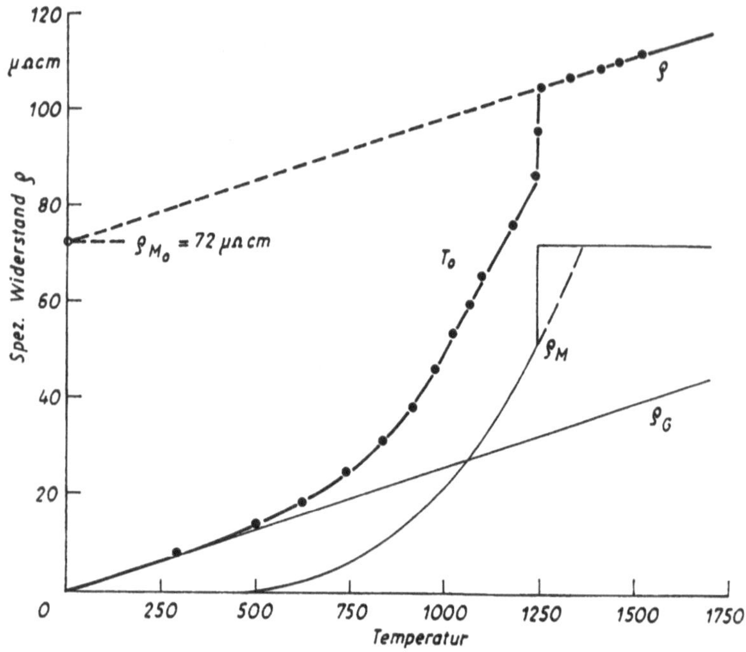

Abb. 2 Aufteilung des temperaturabhängigen Widerstandes von 50 CoFe-Legierungen in den spin-disorder-Beitrag ϱ_M und den Phononenanteil ϱ_G

mit dem Experiment zufriedenstellend überein. Es konnte auch gezeigt werden, daß sich der Restwiderstand bei tiefen Temperaturen erhöht, wenn Atomsorten mit unterschiedlichen Spins legiert werden [7]. Für den spin-disorder Widerstandsbeitrag läßt sich ein oberer Wert abschätzen

$$\varrho_M = 200\ \mu\Omega\text{cm}$$

der wohl nicht überschritten werden kann und die engen Grenzen dieses Streueffektes aufzeigt.

Eine starke Widerstandserhöhung, die meist bis zu einem negativen Temperaturkoeffizienten führt, kann an einer Reihe von ungeordneten konzentrierten Übergangsmetall-Legierungen beobachtet werden (Abb. 1, rechts). Ein typisches Beispiel dafür sind Fe-Al-Legierungen mit zunehmendem Cr-Zusatz, auch als Heizleiter-Werkstoffe bekannt.

In Abb. 3 ist eine Übersicht von bekannten Legierungen mit hohem Widerstand dargestellt [8]. Die Temperaturkoeffizienten zeigen einen positiven Wert — als Kennzeichen für metallische Leitfähigkeit — nur bis zu einem spezifischen elektrischen Widerstand von $\varrho \approx 200\ \mu\Omega\text{cm}$. Höhere Widerstände bis zu etwa $300\ \mu\Omega\text{cm}$ besitzen ausnahmslos einen Temperaturgang mit negativem Koeffizienten.

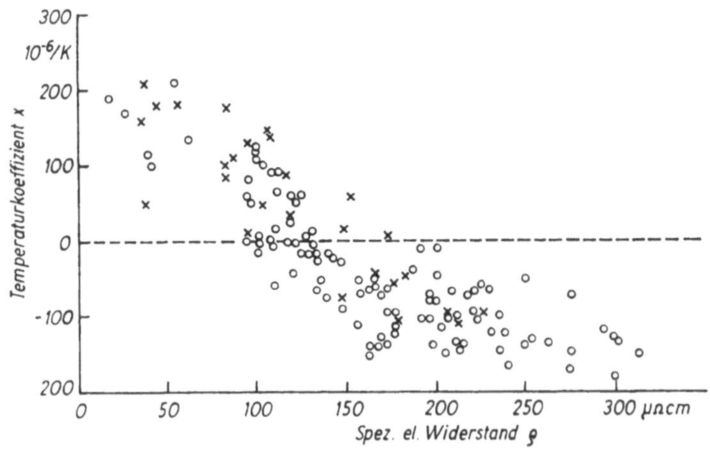

Abb. 3 Temperaturkoeffizient und elektrischer Widerstand von konzentrierten ungeordneten Übergangsmetall-Legierungen [8]

Der sich in Abb. 3 für alle metallischen Systeme abzeichnende Grenzwert im spezifischen Widerstand von $200\ \mu\Omega\text{cm}$ wird durch den hohen Unordnungsgrad der konzentrierten Übergangsmetall-Legierungen erklärt. Für die freie Weglänge der Elektronen wird dadurch ein Minimalbetrag erreicht, der in der Größe des Gitterabstandes liegt und nicht mehr unterschritten werden kann. Dies erklärt auch die experimentellen Ergebnisse, daß viele verschiedene Legierungssysteme sich dem gleichen Grenzwert annähern mit zunehmender Konzentration. Ungeklärt bleibt dabei aber das Auftreten negativer Temperaturkoeffizienten bei höheren Widerständen. Hier werden offenbar andere Widerstandsmechanismen wirksam. Neuere Arbeiten [9, 10] gehen zur Abschätzung der Temperaturabhängigkeit des elektrischen Widerstandes von einem 2 Band s-d-Modell und der CPA-Theorie aus. Danach ist ein starker Widerstandsbeitrag von der Temperatur- und Konzentrationsabhängigkeit der Zustandsdichte an der Fermigrenze und der s-d-Hybridisierung bei Übergangsmetall-Legierungen zu erwarten.

Ein Beitrag zur anomalen Temperaturabhängigkeit des elektrischen Widerstandes kann neben den behandelten statischen Defekten auch von dynamischen Erscheinungen der Quasipartikel verursacht werden. Ein großer Widerstandseffekt scheint von Spinpolaronen auszugehen, wobei die Widerstandsskala vom Metall bis zum Isolator reicht. Über die Wirkung und den Existenzbereich von Spin-Polaronen müssen aber erst noch weitere Arbeiten einen tieferen Einblick ermöglichen, ehe dazu Schlußfolgerungen gezogen werden können.

Weichmagnetische Eisenbasis-Legierungen

Wegen den meist geforderten hohen magnetischen Induktionswerten kommen praktisch nur Eisenwerkstoffe als Träger des magnetischen Moments in Frage. Es zeigt sich jedoch, daß die Arbeitsinduktion B nicht über 1,2 T gelegt werden sollte, da sonst die Verluste infolge der quadratischen Abhängigkeit von B zu stark anwachsen. Durch die widerstandserhöhenden Legierungszusätze wird außerdem die Sättigungsinduktion herabgesetzt.

Von den Anwendern werden je nach Anwendungszweck sehr unterschiedliche Forderungen an den Werkstoff gestellt. Nachfolgende Aufstellung gibt einen Überblick:

a) Weichmagnetische Eigenschaften. Es werden Koerzitivfeldstärken bis herab zu $H_c \leqq 0{,}3$ A/cm gefordert und eingehalten. Ein sicheres Maß für das Klebverhalten elektromagnetischer Schaltgeräte nach dem Abschalten ist die statische Koerzitivfeldstärke. Lamellierte Blechkerne erreichen dagegen H_c-Werte bis zu über 1 A/cm. Die magnetischen Induktionswerte B_{10} liegen allgemein bei etwa 1,1 bis 1,3 T.

b) Elektrische Eigenschaften. Zur Begrenzung der Wirbelströme im Wechselfeld soll der spezifische elektrische Widerstand möglichst hoch liegen. Je nach Anwendungsfall werden Legierungen von 75 bis 140 $\mu\Omega$cm eingesetzt. Höhere Widerstandswerte müssen im allgemeinen durch geringere Induktionen erkauft werden.

c) Mechanische Eigenschaften. Zur Erzielung eines günstigen Verschleißverhaltens sind höhere mechanische Härtewerte vorteilhaft. Mit HV $\approx$ 350 kp/mm^2 konnten alle Lebensdauer-Probleme geklärt werden; bei Magnetkopf-Werkstoffen ist eine noch höhere mechanische Härte erwünscht HV $\approx$ 500 kp/mm^2. Bei Formteilen mit spanabhebender Nachbearbeitung dagegen sollte HV $\leqq$ 200 kp/mm^2 angestrebt werden.

d) Chemische Eigenschaften. Zur Vermeidung aufwendiger Oberflächenschutzbehandlungen werden in zunehmendem Umfang klima- bzw. korrosionsbeständige weichmagnetische Formteile gefordert.

Die gezielte Werkstoffentwicklung war auf Eisenbasis-Legierungen mit diesen Eigenschaftskombinationen gerichtet. Bei den Untersuchungen im System Eisen—Aluminium wurde die Zusammensetzung FeAl11 als den Forderungen weitgehend angepaßt gefunden. Mit der Koerzitivfeldstärke $H_c = 0{,}2$ A/cm, einer Induktion von $B \approx 1{,}15$ T und einer mechanischen Härte von 300 kp/mm² sowie einem elektrischen Widerstand von 110 $\mu\Omega$cm hat sich der Werkstoff in der Anwendung durchgesetzt. Die Zusammensetzung zeichnet sich dadurch aus, daß hier die magnetokristalline Energie $K = 0$ wird und somit günstige weichmagnetische Eigenschaften zu erwarten sind. Bei höheren Al-Gehalten tritt die Fernordnung Fe_3Al mit einer Widerstandserniedrigung und bei geringeren Al-Gehalten eine magnetfeldinduzierte Anisotropie bzw. eine Stabilisierung der Magnetisierungsvektoren (Perminvareffekt) auf. Äußerst wichtig ist die Verwendung von kohlenstoffarmem Einsatzeisen mit C-Gehalten von weniger als 0,02%, um Karbidausscheidungen zu vermeiden. Sie können sich sehr ungünstig auf die Koerzitivfeldstärke auswirken. Nachteilig wird die große Magnetostriktion des Werkstoffes empfunden, da Eigenspannungen die magnetische Induktion in schwachen und mittleren Feldern bis über 10% herabsetzen.

Weitere Legierungen wurden entsprechend den verschiedenen Forderungen und Einsatzbedingungen entwickelt.

FeAl5Si2	gute Bearbeitbarkeit, geringes H_c, hohe Induktion
FeAl3Cr10Si1	klimabeständige Legierung
FeSi7	Magnetostriktion $\lambda = 0$, keine Spannungseffekte

Bei reinen Gleichfeldanwendungen sind auch Formteile aus Relaiseisen hergestellt worden. Hier spielt das Herstellungsverfahren für komplizierte Teile die entscheidende Rolle.

Herstellungsverfahren: Feinguß

Ohne große Schlagzeilen haben die Sondergießverfahren im internationalen Maßstab einen enormen Aufschwung genommen. Die DDR steht am Anfang dieser Entwicklung und wird in den nächsten Jahren ihre Kapazität mindestens um den Faktor 3 vergrößern müssen.

Das Prinzip der Herstellung von Guß-Formteilen nach einem vorgefertigten Wachsmodell ist lange Zeit bekannt, jedoch erst mit der Erfindung hochtemperaturbeständiger Bindemittel konnte der Feinguß, gelegentlich auch Präzisionsguß genannt, auf Stahlbasis verwirklicht und für anspruchsvolle Aufgaben weiterentwickelt werden. Heute sind Formteile von einigen Gramm bis 10 kg herstellbar.

In Abb. 4 sind die wesentlichsten Verfahrensschritte des Abgießens von Metallen und Legierungen in Keramikformen, die mit ausschmelzbaren Wachsmodellen hergestellt werden, angegeben. Zunächst wird in Spritzautomaten unter Berücksichtigung von 1 bis 2% Schwindung das Wachsmodell hergestellt. Die Modelle werden je nach Größe bis zu 100 Stück mit dem Eingußsystem zusammengesetzt (Abb. 4 a) und der sogenannte Baum mit einer feuerbeständigen Keramikmasse mehrfach umhüllt und automatisch getrocknet. In Stufe (4 b) wird das Wachs ausgeschmolzen und die Keramikform mit den so entstandenen Hohlräumen ausgebrannt. Anschließend erfolgt das Eingießen der flüssigen Legierung (4 c). Die erstarrten Formteile zeichnen sich gegenüber den normalen Gießverfahren durch bessere Oberflächengüte und durch engere Maß- und Gewichtstoleranzen aus. Die Keramikschale bzw. Umhüllung wird entfernt und das Feingußformteil vom Eingußbaum getrennt.

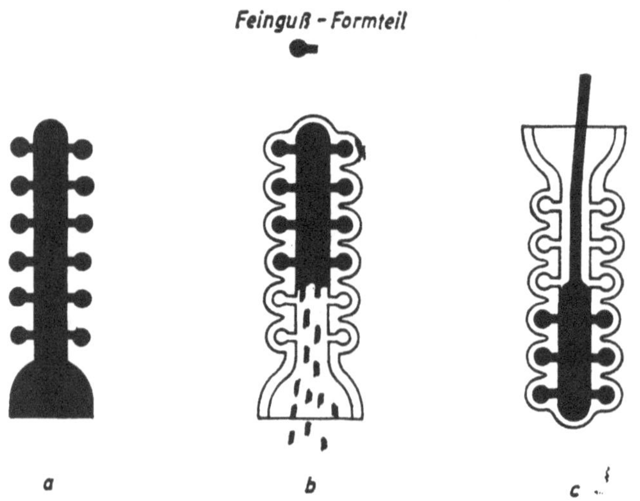

Abb. 4 Verfahrensschritte beim Feingießen nach ausschmelzbaren Wachsmodellen

Die volkswirtschaftlichen Vorzüge des hocheffektiven Verfahrens für die Massenproduktion liegen hauptsächlich in der

- hohen Materialökonomie, Einsparungen gegenüber anderen Verfahren bis zu 70%
- direkten Herstellung nahezu beliebig komplizierter Formteile, bestehend aus verschiedenen Funktionalelementen, z. B. auch mit gekrümmten Oberflächen und Hohlräumen

- erhöhten Arbeitsproduktivität durch Einsparung von Prozeßstufen
- Verbesserung der magnetischen und mechanischen Gebrauchseigenschaften, insbesondere Lebensdauer und Funktionssicherheit.

Weiterhin können dadurch Importe an hochwertigen Elektroblechqualitäten eingespart und Möglichkeiten der Lizenzvergabe genutzt werden.

An zwei erprobten Beispielen soll das Verfahren näher erläutert werden. In Abb. 5 sind die einzelnen Blechteile eines Magnetventils dem neuentwickelten Feinguß-Formteil aus einer Fe-Al5-Si2-Legierung mit einer Masse von 200 g gegenüber gestellt. Neben der Einsparung von größeren Mengen Edelstahl

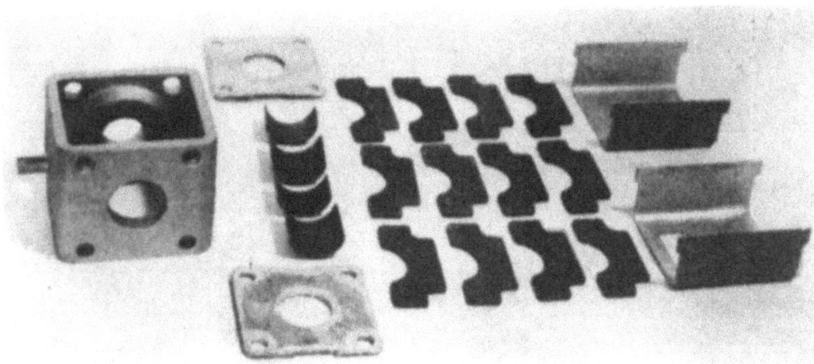

Abb. 5 Weichmagnetische Feinguß-Formteile für Magnetventil (links) und Einzelbleche der lamellierten Ausführung (rechts)

und über 35% Kupfer konnten auch die Gebrauchseigenschaften wesentlich verbessert werden. So stieg der Nenndruck des Geräts auf das 3fache an. Dies wird durch die zahlreichen Luftspalte im lamellierten System verständlich, die beim Feinguß-Formteil weitgehend vermieden werden können. Beachtlich sind die Einsparungen an Importmitteln sowie an Elektroenergie durch Senkung der Erregerleistung. Die Produktion soll um den Faktor 3 gesteigert werden.

In Abb. 6 ist ein Feinguß-Relaisteil aus einer Fe-Al11-Legierung mit einer Masse von 45 g dargestellt. Zur Befestigung wurde auf den unteren Zapfen noch ein Gewinde geschnitten. Die Jahresstückzahl beträgt 0,5 Millionen. Bei einer Steigerung der Arbeitsproduktivität um 40% konnten Einsparungen an magnetischem Material um 51% sowie an Kupfer und hochwertigen Kunststoffen erzielt werden. Die Lebensdauer stieg auf das 10fache. Das Volumen wurde um 78% verkleinert.

Wenn bei den gewählten Beispielen die Vorzüge sehr ausgeprägt waren, so muß dazu gesagt werden, daß es sich um Neukonstruktionen handelt, bei denen weitgehend die Werkstoffeigenschaften und die feingußtechnischen Formgebungsmöglichkeiten ausgeschöpft wurden. Eine reine Substitution zur lamellierten Bauweise wird in den meisten Fällen die Vorteile nicht voll nutzen können.

Abb. 6 Weichmagnetisches Feinguß-Formteil aus einer FeAl11-Legierung für Relais

Literatur

[1] Elliot, R. J., A. Krumhansl und P. L. Leath: Rev. Mod. Phys. 46 (1974) S. 465.
[2] Meaden, G. T.: Contemp. Phys. 12 (1971) S. 313.
[3] Brouers, F., und A. V. Vedyayev: Phys. Rev. B 5 (1972) S. 348.
[4] Kasuya, T.: Progr. Theor. Phys. 16 (1956) S. 58.
[5] de Gennes, P. G., und J. Friedel: J. Phys. Chem. Solids 4 (1958) S. 71. Dekker, A. J.: J. Appl. Phys. 36 (1965) S. 906.
[6] Weiss, R. J., und A. S. Marotta: J. Phys. Chem. Solids 9 (1959) S. 302.
[7] Goedsche, F., R. Richter und A. Richter: Phys. stat. sol. (b) 69 (1975) S. 213.
[8] Mooij, J. H.: Phys. stat. sol. (a) 17 (1973) S. 521.
[9] Brouers, F., und A. V. Vedyayev: Phys. Rev. B 5 (1972) S. 348.
[10] Brouers, F., und M. Brauwers: J. de Phys. Letters 36 (1975) S. 17.
[11] Wilms, F.: Gießerei 60 (1973) S. 646.
[12] Carpenter, P. G.: Prec. Met. 30 (1972) S. 67.
[13] Gabriel, J., und F. Sercik: Gießerei 57 (1970) S. 844.

Werner Brendler, Günter Naumann, Peter Klemm

Forschung, Produktion und Einsatz von Dynamo- und Transformatorenblechen

1. Einleitung

In den folgenden Ausführungen ist beabsichtigt, einen allgemeinen Überblick über den Stand und die Entwicklung von Dynamo- und Transformatorenblechen zu geben, wobei die Forschung und die Produktion auf diesem Gebiet der weichmagnetischen Werkstoffe sowie der Einsatz in der Elektrotechnik betrachtet werden sollen. Ausgehend von den Aufgaben und der Bedeutung der Dynamo- und Transformatorenbleche werden die Forderungen an die Eigenschaften und die Technologie der Herstellung und Verarbeitung aufgezeigt. An Hand von Beispielen werden ferner Möglichkeiten der Realisierung der Aufgaben und noch offener Probleme angegeben.

2. Aufgabe und Bedeutung der Dynamo- und Transformatorenbleche

In elektrischen Geräten der Schwach- und Starkstromtechnik werden weichmagnetische Werkstoffe in Form von Magnetkernen zur Gestaltung definierter räumlicher Magnetfelder für die elektromagnetische Energiewandlung und zwecks Minderung des Magnetisierungsbedarfs eingesetzt. Den weitaus größten Anteil daran hat das mit Silizium legierte, teilweise auch unlegierte Eisen, da es insbesondere bei Anlagen der Starkstromtechnik den Forderungen an die Eigenschaften am besten nachkommt und außerdem auch in den benötigten Mengen relativ kostengünstig zur Verfügung gestellt werden kann. Die weichmagnetischen Kernwerkstoffe auf Eisenbasis werden überwiegend als Dynamo- und Transformatorenbleche in Elektromotoren, Dynamomaschinen, Transformatoren, Schaltern und anderen Geräten der Starkstromtechnik verwendet.

1957 wurde die Weltjahresproduktion an Elektroblechen auf etwa 1 Million t geschätzt [1]. Bedingt durch die Verdopplung des Bedarfs an Elektroenergie alle 7 bis 10 Jahre verdoppelt sich der Bedarf an Dynamo- und Transformatorenblech etwa im gleichen Zeitraum. In den USA [2] wurde 1970 die Jahresproduktion mit etwa 1 Million t angegeben, und Japan [3] überschritt die gleiche Produktionsmenge im Jahre 1973. Es muß also angenommen werden, daß die Weltjahresproduktion z. Z. zwischen vier und fünf Millionen t liegt.

Die Bedeutung der Elektrobleche für die Starkstromtechnik zur elektromagnetischen Energiewandlung bleibt noch über lange Zeit erhalten, da keine wirksamen und ökonomisch einsetzbaren physikalischen Prinzipien, die das elektromagnetische Prinzip ablösen könnten, erkennbar sind. Möglichkeiten, die zu einer Veränderung des Elektroblechbedarfs in näherer oder fernerer Zukunft beitragen könnten, bestehen u. U. in der Ausnutzung des Supraleitereffektes und damit dem Verzicht auf einen Eisenkern bei Motoren und Generatoren [4, 5], der Anwendung von kompakten Magnetkreisen und vielleicht auch im Einsatz amorpher Ferromagnetika [6]. Eine wesentliche Beeinflussung des Gesamtbedarfs ist jedoch nicht abzusehen.

Die hohen nach wie vor steigenden Produktions- und Bedarfszahlen für Dynamo- und Transformatorenbleche und -bänder lassen die große Bedeutung erkennen, die man der Weiterentwicklung der Bleche und Bänder, der Vervollkommnung der Produktion und der Verbesserung des Werkstoffeinsatzes zuerkennen muß. Die in der DDR verbrauchte Elektroenergie von über $80 \cdot 10^9$ kWh/Jahr [7] läßt eine Verlustleistung von mehr als $2 \cdot 10^9$ kWh/Jahr erwarten. Jede Verbesserung des magnetischen Werkstoffes und des Einsatzes in elektrischen Anlagen führt deshalb zu hohem volkswirtschaftlichem Nutzen.

3. Sorten und Einsatzgebiete

Die Weiterentwicklung der Werkstoffe, der technologischen Herstellungsverfahren, aber auch die große Zahl der verschiedensten Anwendungen und speziellen Anforderungen haben zu einer erheblichen Zahl von Sorten und Qualitäten an Dynamo- und Transformatorenblechen und -bändern geführt. Für die ersten Umspannanlagen beim Übergang zur Anwendung hochgespannter Wechselströme in den letzten Jahrzehnten des vorigen Jahrhunderts wurde normales Weicheisen verwendet. Um die Jahrhundertwende wurden dann Zusätze von Silizium als günstig erkannt und damit die Verluste, aber auch die Alterung herabgesetzt. Anfangs wurden alle Bleche warmgewalzt. Ab etwa 1930 erfolgte in einigen Werken die Umformung, zuerst der schwachlegierten Sorten, später auch der Legierungen mit bis zu 3,5% Silizium, durch Kaltwalzen. Insbesondere war die Umstellung dort notwendig, wo durch Kaltwalzen und Rekristallisation eine Textur und damit verbesserte magnetische Eigenschaften in einer Vorzugsrichtung erreicht werden sollten. Die unterschiedlichen Einsatzgebiete und die sich daraus ergebenden Forderungen führten einerseits dazu, die Siliziumgehalte möglichst wieder herabzusetzen, andererseits wird für besondere Anwendungen versucht, die Siliziumgehalte zu erhöhen.

Abb. 1 zeigt schematisch die in der Produktion befindlichen Grundtypen an Elektroblechen und die diesen zuzuordnenden Bereiche der Ummagnetisierungsverluste bei Blechdicken von 0,30 bis 0,50 mm. Außerdem werden noch

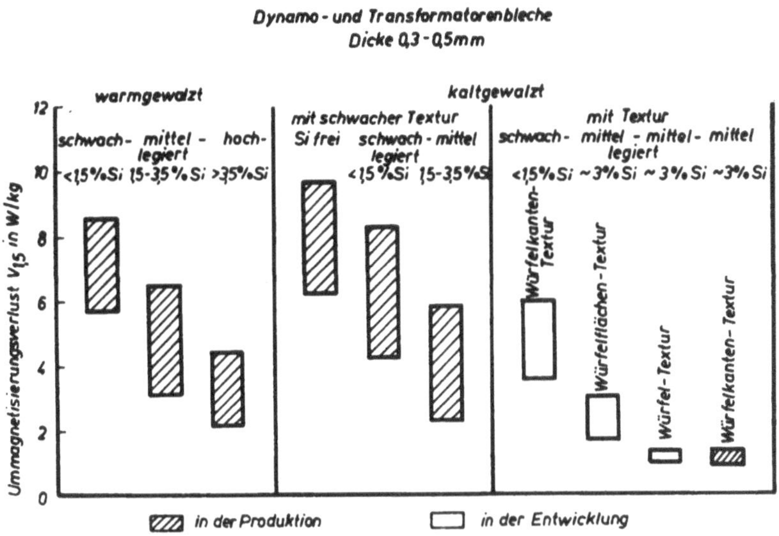

Abb. 1 Übersicht über Sorten und Qualitäten von Elektroblechen

dünnere und dickere Bleche mit hiervon abweichenden Verlustwerten hergestellt. Bei den Texturblechen wurden mit den unschraffierten Feldern auch Qualitäten eingetragen, die großindustriell noch nicht gefertigt werden. Die Herstellung von warmgewalzten Blechen geht immer mehr zurück und wird nach 1980 völlig an Bedeutung verlieren. In der DDR liegt der größte Bedarfsanteil bei den kaltgewalzten Dynamobändern mit Siliziumgehalten von 0 bis etwa 1,5%. Die Hauptverbraucher sind hier die Hersteller von Wechselstrommotoren und von Gleichstrommaschinen. Der Bedarfsanteil für die kaltgewalzten Bänder mit höheren Siliziumgehalten, die insbesondere für größere Generatoren und Motoren, aber auch für Drosseln und kleinere Transformatoren eingesetzt werden, ist vergleichsweise gering. Etwa 10% des Gesamtbedarfs entfällt auf die kaltgewalzten Bänder mit Würfelkantentextur, die zum größten Teil für den Bau von Transformatoren verwendet werden.

4. Forderungen an Eigenschaften und Technologie sowie Möglichkeiten der Realisierung

Magnetische Eigenschaften

Allgemein beinhalten die Forderungen jeder technischen Entwicklung die Erhöhung der Gebrauchseigenschaften und die Senkung des Energie-, Werkstoff- und Arbeitskräftebedarfs. Verbesserungen der magnetischen Eigenschaften der Dynamo- und Transformatorenbleche können sich insbesondere auf die ersten drei der genannten Größen auswirken. Es werden angestrebt eine leichte und hohe Magnetisierbarkeit, geringe und gleichbleibende Ummagnetisierungsverluste und eine niedrige Magnetostriktion.

Diese Forderungen lassen sich durch optimale Zusammensetzung, große Reinheit, eine günstige Ausbildung der Elementarbezirksstruktur, wenig Gitterstörungen und unter bestimmten Bedingungen durch eine Kristallorientierung erfüllen, wobei sich die beiden letztgenannten Zustände wiederum auf die Elementarbezirksstruktur auswirken. Die Möglichkeiten der Realisierung einzelner Forderungen soll in Form von Beispielen erörtert werden.

Mit Ausnahme des Kobalts, das wegen seines hohen Preises als Massenwerkstoff ausscheidet, setzt jedes Element die Sättigungsmagnetisierung des Eisens herab. Im Hinblick auf eine hohe Magnetisierbarkeit wird deshalb ein gering oder unlegiertes Eisen angestrebt. Abb. 2 zeigt neben der Abhängigkeit der Sättigungsmagnetisierung vom Siliziumgehalt zwei Neukurven von Legierun-

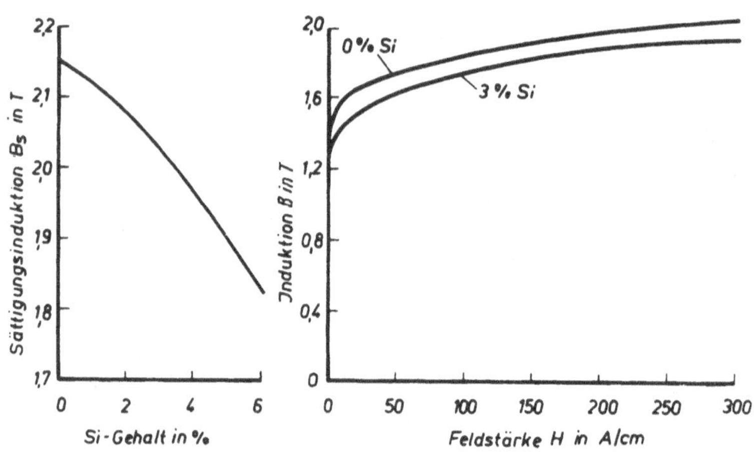

Abb. 2 Einfluß des Siliziumgehaltes auf die Höhe der Induktion

gen mit 0 und 3% Silizium. Wie zu ersehen ist, wird bei siliziumfreiem Werkstoff bei gleicher Feldstärke eine höhere Flußdichte erreicht, was bei der Neukonstruktion eines Gerätes zur Einsparung von Elektroblechen oder Elektroenergie führen kann. Zu einem beachtlichen Teil ist die Verringerung der Masse der in Abb. 3 gegenübergestellten Asynchronmotoren alter und neuer Bauart jedoch gleicher Leistung auf den Einsatz von siliziumfreiem Dynamoband zurückzuführen. Die Höhe des Legierungsgehaltes besitzt außerdem einen starken Einfluß auf den spezifischen elektrischen Widerstand und dieser auf

Abb. 3 1,5 kW-Standardmotoren

den Wirbelstromanteil des Ummagnetisierungsverlustes. Abb. 4 zeigt den Anstieg des spezifischen elektrischen Widerstandes mit dem Siliziumgehalt. Entsprechend ist der Wirbelstromanteil des Gesamtummagnetisierungsverlustes bei 1,8% Silizium geringer. Um einen etwa gleichen Gesamtummagnetisierungsverlust bei Si-freiem Band zu erhalten, muß der Hystereseverlustanteil gesenkt werden. Dies gelingt durch Verwendung relativ sauberer Ausgangswerkstoffe, durch Reinigung während der Wärmebehandlung und durch ein relativ gitterstörungsarmes Gefüge, das ebenfalls durch die Wärmebehandlung erreicht wird. Die Reinigung während der Wärmebehandlung bezieht sich insbesondere auf eine Entkohlung auf $\leqq 0{,}005\%$. Die Verringerung der Gitterstörungen wird durch eine Grobkornbildung erreicht, die unter bestimmten Bedingungen vom letzten Verformungsgrad und damit der Anzahl der wachstumsfähigen Keime beeinflußt werden kann.

Abb. 5 läßt die Abhängigkeit der Koerzitivfeldstärke eines schlußwärmebehandelten siliziumfreien Dynamobandes von dem letzten Kaltverformungsgrad erkennen. Die Koerzitivfeldstärke, die als dem Hystereseverlust etwa

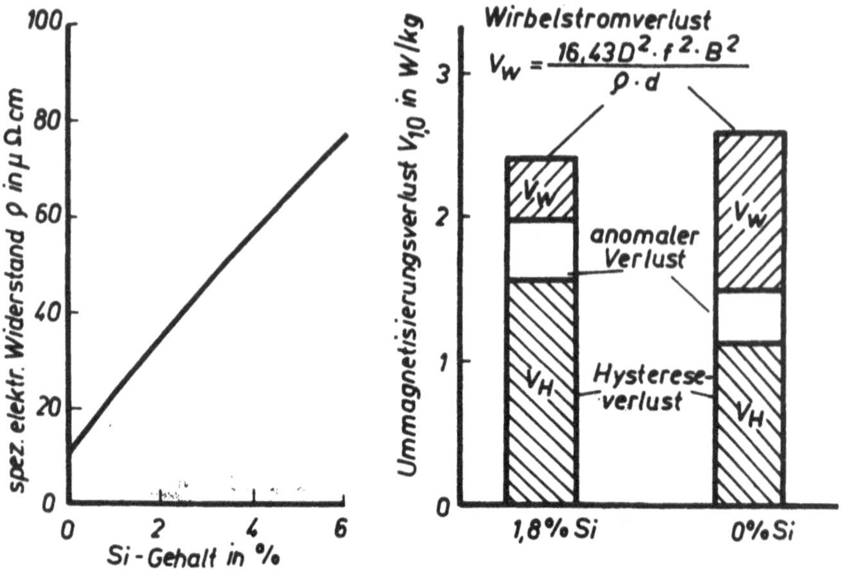

Abb. 4 Einfluß des Siliziumgehaltes auf den Wirbelstromverlust

proportional angenommen werden kann, ist ein Maß für die noch vorhandenen Gitterstörungen und gestattet relativ einfach die optimale Auswahl des letzten Umformungsgrades.

Eine weitgehende Verbesserung der magnetischen Eigenschaften entsprechend den Forderungen der Elektroindustrie läßt sich durch die Ausbildung bestimmter Texturen erreichen, wie die folgenden Beispiele zeigen werden. Die Würfelkanten- oder auch (110)[001]-Textur besitzt nur in Walzrichtung eine leichte Magnetisierbarkeit und niedrige Ummagnetisierungsverluste. Diese Bleche werden seit einigen Jahrzehnten großindustriell gefertigt und haben bei Leistungstransformatoren in der DDR die bis 1960 üblichen isotropen Bleche vollständig verdrängt. International waren die Forschungen in den letzten Jahren insbesondere auf eine Erhöhung der Texturschärfe gerichtet. Die Textur entsteht durch ein selektives Kornwachstum während einer Wärmebehandlung bei hohen Temperaturen. Dabei wachsen bevorzugt Keime mit der sogenannten (110)[001]-Orientierung auf Kosten anders orientierter Kristallite. Die Sekundärrekristallisation kann jedoch nur erfolgen, wenn das Ausgangsgefüge bis zu einer bestimmten Temperatur relativ fein geblieben ist. Diese Hemmungswirkung wird allgemein Mangansulfidausscheidungen zugeschrieben. In Japan ist es gelungen, den Texturgrad durch Verwendung von speziellen Wachstums-

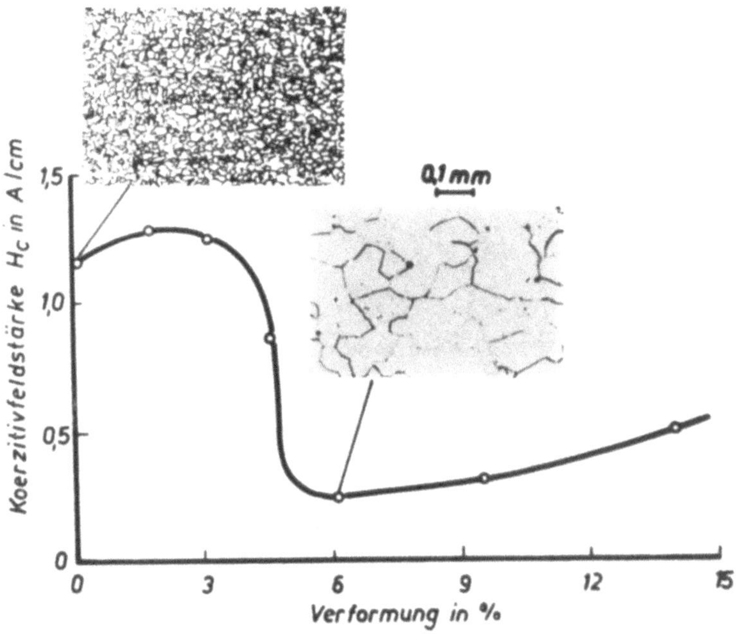

Abb. 5 Einfluß der Größe der letzten Verformungsstufe auf die Koerzitivfeldstärke von Si-freiem Dynamoband

inhibitoren zu verschärfen [3]. Abb. 6 zeigt zwei (100)-Polfiguren, die die erhöhte Texturschärfe eines neuen Blechwerkstoffes gegenüber dem bisher üblichen erkennen lassen. Als weiterer Vorteil wird angegeben, daß die als elektrische Isolation verwendete Oberflächenschicht auf das Band eine Zugspannung ausübt, die in den unterschiedlichen thermischen Ausdehnungskoeffizienten der Isolation und des metallischen Bandes ihren Ursprung besitzt. Diese Spannung wirkt sich bei Vorliegen einer scharfen Kristallorientierung auf die Ausbildung der Elementarbezirksanordnung aus. Die 90°-Bezirke nehmen ab und die 180°-Bezirke zu. Außerdem wird der Wandabstand der 180°-Bezirke kleiner. Die Folge ist eine weitere Abnahme des Hystereseverlustes und des Wirbelstromverlustes, aber auch der scheinbaren Magnetostriktion. Somit werden offenbar solche Verbesserungen erzielt, die es ermöglichen, an 0,30 mm dicken Bändern $V_{1,5}$-Werte von $\leqq$ 0,83 W/kg zu erreichen und die Brummgeräusche, wie sie auf Grund der Magnetostriktion in Transformatoren auftreten, zu verringern.

Bei rotierenden Maschinen werden Dynamobleche mit gleichen magnetischen Eigenschaften in der Blechebene verlangt. Eine Möglichkeit, die Induktionen

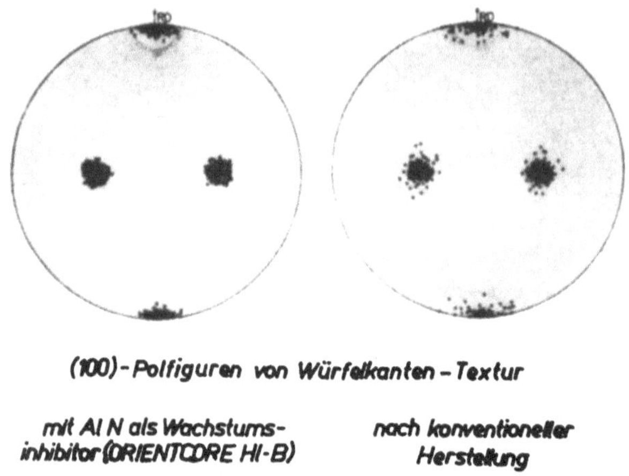

Abb. 6 Verschärfung des Texturgrades an Blechen mit (110) [001]-Orientierung

und Ummagnetisierungsverluste über die Eigenschaften eines isotropen Bleches hinaus zu verbessern, besteht durch Schaffung einer Würfelflächentextur. Dabei ist die Würfelebene der kubisch raumzentrierten Elementarzelle in der Walzebene angeordnet, während die Würfelkanten, soweit sie nicht senkrecht

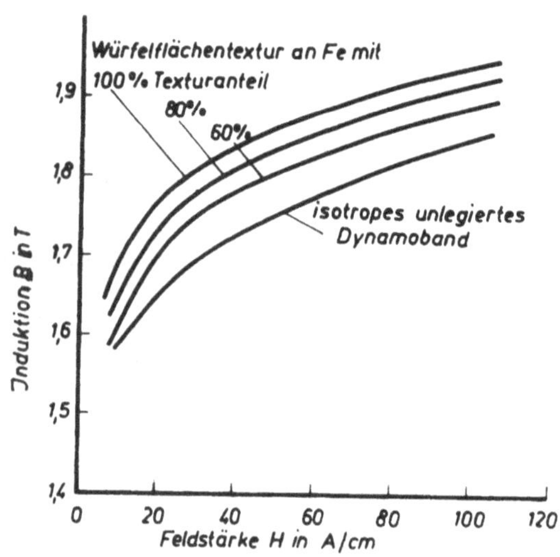

Abb. 7 Aus Einkristallwerten errechnete Würfelflächentextur an Eisen

zur Walzebene stehen, alle Richtungen parallel zur Walzebene annehmen. Die theoretische Berechnung einer Magnetisierungskurve an unlegiertem Eisen mit Würfelflächentextur [8] zeigt Abb. 7 im Vergleich zu einem nahezu isotropen unlegierten Eisenwerkstoff. Unlegierte Bänder dieser Art werden bisher noch nicht hergestellt.

Verarbeitungseigenschaften

In der Praxis des Elektromaschinen-, Transformatoren- und Elektrogerätebaus spielen neben den magnetischen Eigenschaften der Kernbleche eine Reihe technologischer Kennwerte eine ausschlaggebende Rolle. Sie beeinflussen einmal die Leistungsparameter der Fertigerzeugnisse und bestimmen zum anderen maßgeblich die Technologie und Wirtschaftlichkeit ihrer Herstellung.

Im einzelnen handelt es sich dabei um solche Faktoren, wie Härte und Festigkeit der Bleche, ihre Oberflächenausführung sowie die Ebenheit und Toleranzgenauigkeit.

Erstgenannte Parameter äußern sich vorzugsweise im Stanzverhalten, wobei der Standzeit der Werkzeuge in Verbindung mit einem möglichst gratarmen Schnitt besondere Bedeutung beizumessen ist. Wenn man dabei berücksichtigt, daß die Kosten für ein Folgeschnittwerkzeug zum Stanzen von Statorblechen eines Asynchronmotors mittlerer Leistung etwa 50 000 M betragen und die Standzeit zwischen zwei Nachschliffen zwischen 20 000 und 300 000 Schnitten schwanken kann, ist die wirtschaftliche Bedeutung dieses Faktors leicht zu erkennen. Außerdem führt jeder zusätzliche Werkzeugwechsel zu Produktivitätsverlusten in der Stanzerei, die nicht selten den Engpaß in der Produktionskette darstellt.

Vom Kernwerkstoff wird deshalb ein Härteoptimum gefordert, das im Bereich von HV = 120 bis 140 kp/mm^2 liegen sollte. Als zusätzliche Bedingung ist eine möglichst schleifkörperfreie Oberfläche zu berücksichtigen.

Sehr weiche Stähle, wie beispielsweise siliziumfreie oder siliziumarme Dynamobänder, werden deshalb häufig mit erhöhten Phosphorgehalten [9] oder mit Mangan-Zusätzen hergestellt. Höhersilizierte Güten, die infolge der Kieselsäureausscheidungen zu einem starken Werkzeugverschleiß führen, werden oft vom Hersteller des Bandes mit einer speziellen Elektroisolation versehen, die beim Stanzen gleichzeitig als Gleitmittel im Schnittspalt dient.

Ebenheit und Toleranzgenauigkeit der Bleche oder Bänder haben maßgeblichen Einfluß auf den Stapel- und Füllfaktor, d. h. auf das prozentuale Verhältnis von tatsächlicher Masse eines Blechstapels zur Masse eines kompakten Körpers von gleichem Volumen und Werkstoff. Welligkeit und Oberflächengestalt werden deshalb in den Standards aller Länder an definierte Maximalwerte gebunden. Moderne Fertigungslinien im Elektromaschinenbau stellen zusätzliche Anforderungen an die Maßhaltigkeit der Bleche und Bänder. Sie fordern häufig eingeengte Toleranzen in Querrichtung, da die Dickenabweichungen eines keilförmigen Materials beim Stapeln der gestanzten Bleche zu Magnetkernen sich einseitig aufbauen und zu starken Qualitätsbeeinträchtigungen des Erzeugnisses bis hin zur Verwendungsuntauglichkeit führen können.

Mit dem Übergang von warmgewalzten Tafelblechen zu kaltgewalzten Bändern haben sich Maßhaltigkeit und Oberflächenqualität entscheidend verbessert [10]. In der DDR wird den Forderungen nach Einsatz kaltgewalzter Erzeugnisse durch die Herstellung von siliziumfreiem Band im VEB Bandstahlkombinat „Hermann Matern“ Eisenhüttenstadt entsprochen. Außerdem wird in den kommenden Jahren die Produktionsaufnahme von kaltgewalztem siliziumlegierten und fertiggeglühten Band vorbereitet.

Verbesserung und Vereinfachung der Herstellungstechnologien

Die Technologien zur Herstellung von Elektroblechen sind z. T. sehr hochentwickelt, wie das beispielsweise für Trafotexturband zutrifft. In den meisten anderen Fällen sind sie zumindest gründlich auf die jeweiligen Herstellungs- und Einsatzbedingungen abgestimmt. Dennoch zeigen labor- und kleintechnische Untersuchungen [11] sowie Vergleiche mit theoretischen Betrachtungen [12], daß die Möglichkeiten zur weiteren Vervollkommnung der Herstellungsverfahren noch lange nicht ausgeschöpft sind. Wie bereits angedeutet, bieten insbesondere die weitere Erhöhung der metallurgischen Reinheit, die Einstellung günstiger Gefüge und Versetzungsstrukturen sowie schärfere Texturen praktische Anknüpfungspunkte.

An dieser Stelle sollen nur einige wenige solcher Möglichkeiten gestreift werden.

Zur Herstellung von Dynamoband werden meist Stähle eingesetzt, die im Sauerstoffaufblaskonverter erschmolzen und mit Kohlenstoffgehalten um 0,04 bis 0,06% vergossen werden. Der für die Gewährleistung hoher und alterungsfreier magnetischer Kennwerte notwendige C-Gehalt unter 0,005% wird durch eine Entkohlungsglühung im Banddurchlaufofen erzielt. Dabei werden durch ein Gasgemisch bei Temperaturen um 850 °C Bedingungen geschaffen, die zur Oxydation des im Stahl enthaltenen Kohlenstoffs führen, ohne dabei jedoch den Grundwerkstoff Eisen anzugreifen. Die notwendige Reduzierung des C-Gehaltes um etwa eine Zehnerpotenz erfordert bei Banddicken um 0,5 mm Zeiten von 6 bis 8 min. Zur Erhöhung der Leistungsfähigkeit der Entkohlungsöfen und zur weiteren Verbesserung der magnetischen Eigenschaften werden in den letzten Jahren von verschiedenen Herstellern [9] vakuumentkohlte Stähle eingesetzt. Dabei wird im Konverter ein Stahl mit höchstens 0,05% C erschmolzen, der noch vor Zugabe der Legierungsträger in einer Vakuumanlage bis auf etwa 0,010% entkohlt wird. Die Vakuumbehandlung erfolgt z. B. durch Ansaugen des Stahles aus der Gießpfanne in ein unmittelbar darüber angeordnetes Vakuumgefäß. In Abhängigkeit von Hubzahl, Hubhöhe und Abstichtemperatur des Stahles lassen sich Kohlenstoffgehalte von 0,006% aufwärts einstellen. Dadurch wird es möglich, eine für die magnetische Alterung ausreichende Entkohlung im Durchlaufofen nach weniger als der halben Glühdauer gegenüber der oben dargestellten traditionellen Erschmelzungsart zu erreichen. Die durch die Vakuumbehandlung verursachte Kostenerhöhung wird durch die schnellere Glühung im Durchlaufofen mindestens ausgeglichen.

Eine andere Möglichkeit zur Weiterentwicklung der Herstellungsverfahren für Dynamoband wird seit einigen Jahren in der ČSSR genutzt (Abb. 8). Dabei wird in einer kontinuierlichen Bearbeitungslinie zunächst eine Durchlaufentkohlung in der dargestellten Weise durchgeführt. Nach einer ebenfalls im Durchlaufofen erfolgenden Zwangsabkühlung wird das Band in einem Streck-

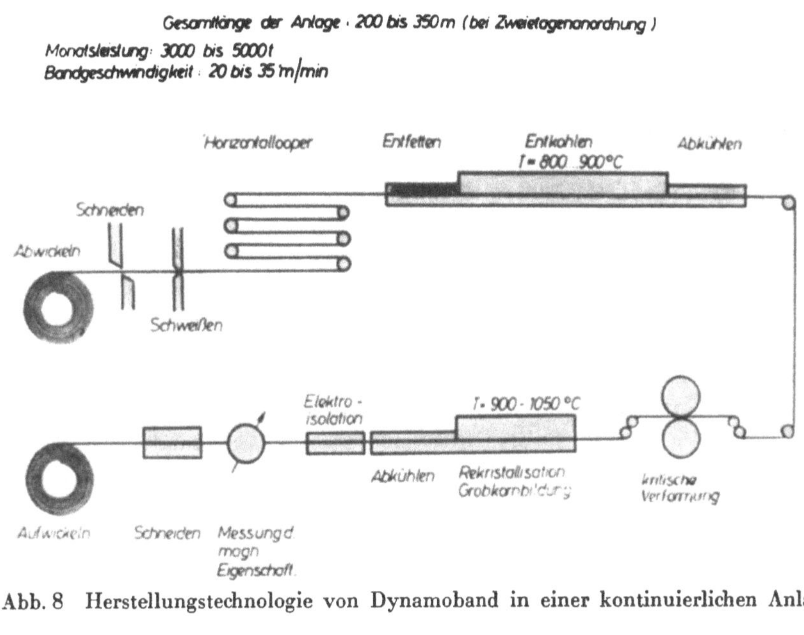

Abb. 8 Herstellungstechnologie von Dynamoband in einer kontinuierlichen Anlage

reduziergerüst durch gleichzeitiges Aufbringen einer Walz- und einer Streckverformung für den abschließenden Glühvorgang vorbereitet. Für diese Rekristallisationsglühung wird ein weiterer Banddurchlaufofen, der für Temperaturen von 900 bis 1050 °C ausgelegt ist, in die Linie eingeordnet und unter trockenem reduzierenden Schutzgas das gewünschte Grobkorn erzeugt. Im Auslaufteil dieser Linie befindet sich eine Einrichtung zum kontinuierlichen Auftragen der Elektroisolationsschicht und eine Schneidanlage. Baut man schließlich eine Apparatur zur laufenden Messung der magnetischen Kennwerte ein, so werden in einem einzigen Banddurchlauf sechs oder mehr Arbeitsgänge der traditionellen Herstellungstechnologie erfaßt (Entfetten, Entkohlen, kritisches Verformen, Grobkornglühen, Auftragen der Elektroisolation, Messung der Eigenschaften, Schneiden). Die Vorteile dieses Verfahrens liegen in einer sehr hohen Arbeitsproduktivität, der Vermeidung der gefürchteten Klebeerscheinungen beim Glühen des Bandes im festgewickelten Coil, den Möglichkeiten zum Abbau der Bandwelligkeit mit Hilfe des Streckreduziergerüstes und nicht zuletzt in der erzielbaren hohen magnetischen Güte des Fertigerzeugnisses bei vergleichsweise niedrigen Siliziumgehalten.

Für kleinere und mittlere Elektromaschinen sowie im Gerätebau haben sich in den letzten Jahren siliziumfreie Stähle durchgesetzt, deren Vorzüge neben den bereits erwähnten höheren Induktionswerten in einer verbesserten Wärmeleitfähigkeit und vor allem in teilweise bedeutenden Vereinfachungen der Herstellungstechnologie liegen und sich damit günstig auf die Kostenstruktur auswirken. Bereits bei der Stahlherstellung werden durch Einsparung von Ferrosilizium und Wegfall des Auflegierens Vorteile erzielt. Auch in allen weiteren Verarbeitungsstufen — Warmwalzen, Verschweißen der Bandenden, Beizen und Kaltwalzen — lassen sich unlegierte Stähle einfacher und damit meist auch billiger behandeln als silizium- und aluminiumhaltige Güten.

Die notwendige Austreibung des Kohlenstoffs kann auf zweierlei Weise erfolgen. Erstens gibt es die Möglichkeit, durch Vakuumbehandlung bereits in der Flüssigphase gemäß dem angeführten Beispiel die benötigte Stahlzusammensetzung einzustellen. In diesem Fall ist es erforderlich, zur Gewährleistung einer ausreichenden Stanzbarkeit der Bleche erhöhte Mn- und P-Gehalte vorzusehen. Ein zweiter Weg besteht darin, die Entkohlung erst an den gestanzten Blechen auszuführen (Abb. 9). Hier wird der Stahl dem Verarbeitungsbetrieb im halbfertigen Zustand — als sogenanntes semi-finished Band — zur Verfügung gestellt. Aus einem metallurgisch möglichst reinem Vormaterial wird zunächst ein Band gewalzt, dessen Dicke um 5 bis 10% über dem Fertigmaß liegt. Nach einem Rekristallisationsglühen bringt man eine kritische Verformung auf, deren Betrag eine Grobkornbildung beim Fertigglühen gewährleisten muß. Nach diesem Verformungsschritt und im Bedarfsfall einer Konfektionierung wird das Band oder Blech dem Verarbeiter zugeleitet, der nach dem Stanzen der Kernbleche die abschließende Glühbehandlung in einer kontinuierlichen oder halbkontinuierlichen Linie durchführt. Dabei werden die auf

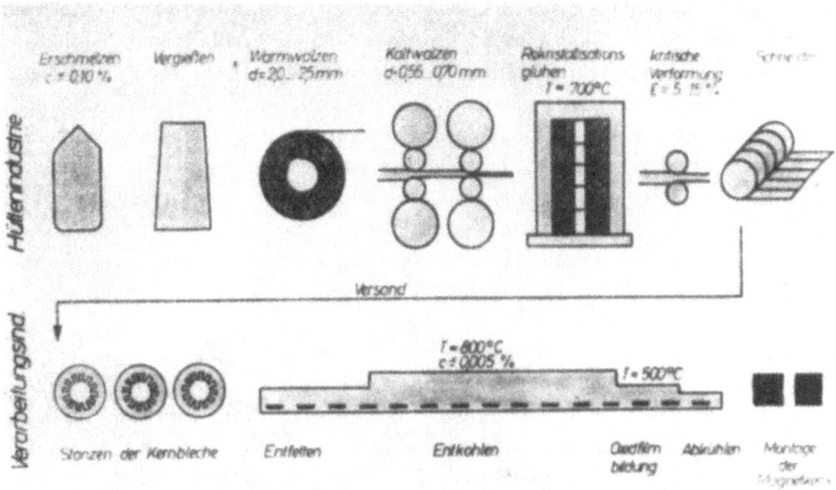

Abb. 9 Herstellung und Verarbeitung von semi-finished Dynamoband

Paletten angeordneten, leicht aufgelockerten Blechpakete zunächst unter Temperatureinwirkung entfettet, im folgenden Ofenteil durch ein feuchtes Schutzgasgemisch bei etwa 760 °C entkohlt, wobei gleichzeitig die Kornvergröberung einsetzt, und schließlich wird in der letzten Ofensektion durch zusätzliche Befeuchtung des Ofengases und Absenken der Ofentemperatur [13] eine auch das Eisen oxydierende Atomsphäre geschaffen, die zur Ausbildung eines dünnen, blaugrauen, festhaftenden Oxidfilmes auf der Blechoberfläche führt. Mehrjährige Betriebserfahrungen zeigen [14], daß die erwartet hohen Induktionen, die in gemischten Proben längs und quer zur Walzrichtung 1,65 T für B_{25} übersteigen, auch mit günstigen Ummagnetisierungsverlusten verbunden werden können. So betrug der durchschnittliche Anteil der Bleche mit $V_{1,0} < 2{,}8$ W/kg über einen Zeitraum von neun Monaten 89%; Werte über 3,6 W/kg werden bei Einhaltung der Technologie überhaupt nicht gemessen.

Die Produktion von Trafoband mit Würfelkantentextur wurde über viele Jahre durch die bekannte Technologie nach N. Goss [15] beherrscht. Der der Texturbildung zugrunde liegende Wachstumsinhibitor MnS erforderte ein zweimaliges Kaltwalzen mit einer zwischengeschalteten Rekristallisationsglühung bei Temperaturen um 900 °C. Ein in jüngerer Zeit in Japan [16] entwickeltes Verfahren basiert auf der Stabilisierung der primär rekristallisierten Matrix durch Aluminiumnitrid und erfordert kein doppeltes Kaltwalzen. Dank moderner Kaltwalzanlagen wie fünf- und sechsgerüstiger Quartotandemstraßen besteht auch technisch die Möglichkeit, in einem einzigen Verformungsschritt aus Warmband mit 1,8 bis 2 mm Ausgangsdicke die notwendigen Fertigabmessungen von 0,28 bis 0,33 mm zu erreichen. Durch Wegfall eines Glüh- und eines Umformungsschrittes werden bei gleichzeitiger Texturverschärfung und damit Verbesserung der magnetischen Eigenschaften große Vorteile erzielt. Angesichts dieser überzeugenden Vorzüge haben zahlreiche bekannte Herstellerfirmen von Trafotexturband, darunter Armco Steel Corporation, die Lizenzen bei Nippon Steel erworben. Daneben werden große Anstrengungen unternommen, durch eigene modifizierte Verfahren zum Ziel zu kommen. So berichtet Kawasaki Steel Corporation [17] über Versuche zur Herstellung von Trafoband mit Zusätzen von Antimon, das dem Ausgangsmaterial zusammen mit Schwefel oder Selen beigegeben wird.

Neben den hier dargestellten Beispielen gibt es eine Reihe weiterer Möglichkeiten zur Verbesserung und Vereinfachung der Technologien zur Herstellung von Elektroblechen. Viele von ihnen beziehen sich jedoch nicht spezifisch auf Trafo- oder Dynamobänder, sondern tragen vielmehr allgemeinen Charakter.

Erwähnt seien an dieser Stelle die Bemühungen zur Herstellung von möglichst dünnem warmgewalzten Band, wobei Dicken von 1,2 bis 1,5 mm statt bisher 2,0 bis 2,5 mm angestrebt werden. Damit reduziert sich nicht nur die energieintensive Kaltwalzarbeit, sondern es werden auch beträchtliche Leistungsreserven an den Kaltwalzanlagen bei gleichzeitiger Verbesserung der Bandebenheit erschlossen.

Optimierung des Einsatzes

Die Gebrauchswerteigenschaften von Transformatoren und elektrischen Maschinen werden von der Qualität der verwendeten Magnetwerkstoffe ganz entscheidend beeinflußt — vorausgesetzt, daß die Bleche werkstoffgerecht eingesetzt und verarbeitet werden. Abb. 10 zeigt sehr eindrucksvoll, wie sich die technischen Parameter von Transformatoren in der Zeit um 1960 sprunghaft mit der Einführung von kaltgewalzten Transformatorenblechen mit Würfelkantentextur verbessert haben. In dieser Darstellung sind die relativen Gesamtverluste und der relative Magnetisierungsstrom von Transformatoren aus Firmenlisten von Transformatorenherstellern aus aller Welt enthalten. Die Darstellung bezieht sich auf eine ausgewählte Typenleistung. Die Tendenz dieser Kurven behält jedoch unabhängig von der Typenleistung für alle Transformatoren ihre Gültigkeit. Wenn man berücksichtigt, daß ein moderner Großtransformator von 300 MVA noch immer eine Magnetisierungsverlustleistung von etwa 300 kW aufweist und diese Verlustleistung ständig, ob Tag oder Nacht, ob Sommer oder Winter aufgebracht werden muß, wird ersichtlich, welchen enormen volkswirtschaftlichen Nutzen die Einführung dieser Bleche mit einer durchschnittlichen Senkung der Ummagnetisierungsverluste auf etwa 40% gebracht hat. Eine ähnliche Darstellung ließe sich anfertigen für die Masse der eingesetzten Magnet- und Leiterwerkstoffe und auch für die Isolierstoffe.

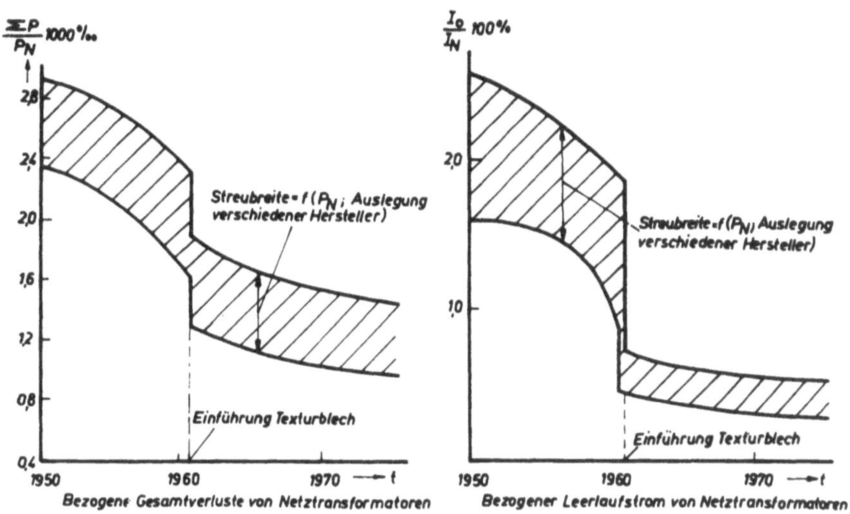

Abb. 10 Einfluß der Einführung von Texturblechen im Transformatorenbau auf die Gesamtverluste und den Leerlaufstrom

Die höheren Sättigungsinduktionen und die verminderten Ummagnetisierungsverluste gaben die Möglichkeit, die Nenninduktion von Transformatoren zu erhöhen, wodurch sich sowohl der Kernquerschnitt und damit verbunden der mittlere Windungsumfang der Wicklung sowie die Windungszahlen reduzieren. Insgesamt betrachtet, haben sich mit der Optimierung der elektromagnetischen Auslegung der Transformatoren sowohl die Ummagnetisierungs- und Stromwärmeverluste, als auch die Einsatzmasse an Magnet- und Leiterwerkstoffen, an Isolieröl, und somit das gesamte Bauvolumen beachtlich vermindert. Damit im Zusammenhang stehend, war es möglich, bei einem durch den Bahntransport vorgegebenen maximalen Transportgewicht und durch das vorgegebene Bahnprofil die ausführbare Typenleistung für einen Drehstromtransformator von 250 MVA auf gegenwärtig 1000 MVA zu erhöhen.

Die volle Ausnutzung der verbesserten magnetischen Eigenschaften von Würfelkantentexturblechen setzt, wie bereits erwähnt, konstruktiv und auch technologisch einen werkstoffgerechten Einsatz voraus. Darunter ist zu verstehen, daß möglichst in allen Blechelementen der Magnetisierungsvektor ohne Winkelabweichung mit der Walzrichtung des Bleches übereinstimmt. Trotz der Umstellung des bislang üblichen 90°-Schnittes in den Flußumlenkungsgebieten am Stoß zweier senkrecht zusammengefügten Bleche auf einen 45°-Schnitt bzw. -Stoß und des Ersatzes der früher üblichen Kernpressung mittels Bolzen durch Glasfaser-Bandagen verbleiben jedoch noch immer Unterschiede zwischen den an Blechproben im Laboratorium nach definierten Prüfvorschriften gemessenen Ummagnetisierungsverlusten und den gemessenen Verlusten an fertigen Kernen. Neben einem in gewissem Umfang unvermeidbaren nichttexturgerechten Flußverlauf sind diese Verlusterhöhungen auf mechanische Vorspannungen der Bleche im fertigen Kern zurückzuführen. Messungen an geglühten und damit völlig entspannten Blechen zeigen eine Verlusterhöhung durch Zug- und insbesondere Druckspannungen. Die Verlustverschlechterung ist stark von der Induktion abhängig. Bei einer Druckspannung von 0,5 kp/mm^2 und einer Induktion von 1,7 Tesla beträgt die Verlusterhöhung etwa 25%, bei 1,0 Tesla etwa 40%. Bereits durch verhältnismäßig geringe Druckspannungen steigt die Magnetostriktion steil um mehr als eine Größenordnung an.

Druckspannungen entstehen im Kernaufbau aus Biegespannungen dann, wenn die Bleche vor dem Zusammenbau im Kern wellig oder bogig sind. Umgekehrt können beim Zusammenpressen des Kernes aus ebenen Blechen durch unsachgemäße Anordnung der Spannstellen Blechverbiegungen auftreten.

In den Jochen treten durch Rückwirkung der Wicklungspreßkräfte Druckspannungen auf, die zu erhöhter Magnetostriktion führen. Diese lassen sich vermeiden durch besonders torsions- und biegesteife Jochpreßeisen. Andererseits muß diese torsions- und biegesteife Jocheisenkonstruktion, insbesondere bei Großtransformatoren, so gestaltet sein, daß die durch den aus dem Spulenpaket austretenden Streufluß hervorgebrachten zusätzlichen Wirbelstromverluste im Jochpreßeisen auf ein Minimum reduziert bleiben. Abb. 11 zeigt den Streuflußverlauf und sein Eintreten in die Jochpreßeisen (PE) bzw. in die Kesselwand.

Ähnlich, wenn auch nicht so ausgeprägt wie bei Transformatoren, erfordert auch bei rotierenden elektrischen Maschinen der Einsatz von kaltgewalzten Dynamobändern eine werkstoffgerechte Konstruktion und eine werkstoffgerechte Technologie, um die Vorteile der verbesserten magnetischen Eigenschaften dieser Bleche optimal zu nutzen. Siliziumhaltiges und siliziumfreies Dynamoband hat, wenn auch nicht so ausgeprägt wie Würfelkantentexturblech, eine gewisse magnetische Vorzugsrichtung. Dies ist für den Einsatz in rotierenden elektrischen Maschinen besonders kritisch, da durch die Geometrie der Magnetkerngestaltung sich nicht wie bei Transformatoren der Vektor der Magnetisierungsrichtung mit der Walzrichtung des Bleches in Übereinstimmung

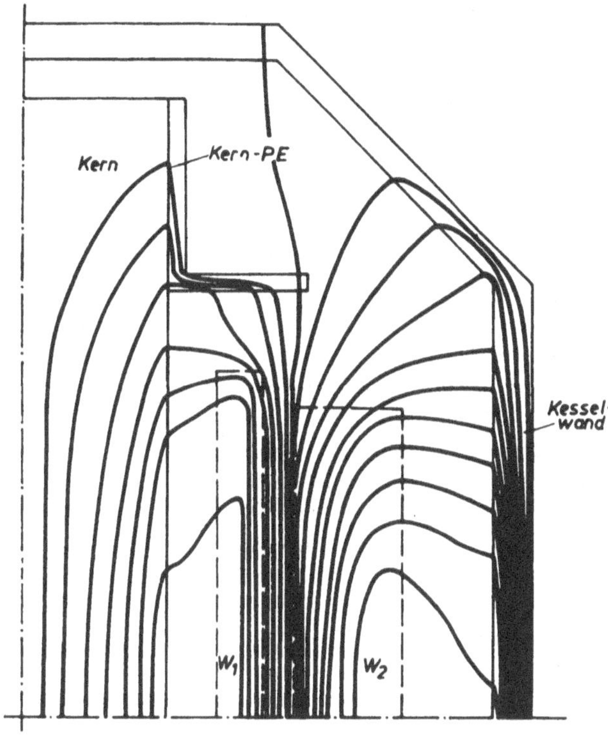

Magnetfeld im Wickelraum eines Großtransformators

Abb. 11 Qualitative Verteilung des magnetischen Streufeldes und dessen Einwirkung auf inaktive Konstruktionsteile

bringen läßt. Man kann den Textur-Einfluß bei rotierenden elektrischen Maschinen teilweise ausschalten durch wechselweises Drehen der Bleche bei der Kernschichtung, was jedoch zusätzliche Kosten verursacht. Unterbleibt diese Maßnahme, so kann die Unsymmetrie in bestimmten Fällen bei größeren Maschinen eine elektrische Spanung zwischen den Wellenenden induzieren und unter Umständen schädliche Lagerströme verursachen.

Ein weiteres Problem für die Magnetisierbarkeit und die Verluste in geschichteten Blechpaketen tritt dann auf, wenn die Spitze des Induktionsvektors eine in sich geschlossene Bahnkurve beschreibt, die näherungsweise eine Ellipse darstellt. Diese Erscheinung tritt u. a. auf in den Ankerjochen von Drehfeldmaschinen und Gleichstrommaschinen sowie in den Mittelschenkelknoten von dreischenkligen Drehstromtransformatoren. Gegenwärtig gibt es noch keine eindeutige Theorie, die es den Anwendern ermöglicht, hinreichend genau eine Vorausberechnung der magnetischen Eigenschaften von Blechstapeln bei drehender Magnetisierung vorzunehmen. In neuerer Zeit vorgenommene Untersuchungen [18] haben gezeigt, daß die bisher in der Literatur bekannten Zuschlagfaktoren zur Berücksichtigung zusätzlicher Ummagnetisierungsverluste bei drehender Magnetisierung stark induktions- und frequenzabhängig sind und recht ungenaue Ergebnisse liefern.

Es wurde der bisher in der Literatur nicht erkennbare Nachweis erbracht, daß eine elliptische Magnetisierung auch einen beachtlichen Einfluß auf die Permeabilität ausübt. Bei kreisförmiger Magnetisierung beträgt die maximale Permeabilitätserhöhung von quasiisotropen Dynamoblechen etwa 30 bis 40%. Das Verhältnis zwischen mittels Frequenz- und Formfaktorvariationen experimentell bestimmten Wirbelstromverlusten bei kreisförmiger und wechselnder Magnetisierung deckt sich lediglich für kleinere und mittlere Induktionswerte mit dem aus der Literatur bekannten Wert 2. Bei einer Induktion von 1,8 Tesla dagegen — derartige und höhere Induktionswerte sind bei heutigen Maschinenauslegungen üblich — wurde das Verhältnis mit 1,7 ermittelt. Diese neuen Versuchsergebnisse zeigen, daß es notwendig ist, weitere Untersuchungen durchzuführen, um treffsichere Berechnungsunterlagen für eine optimale elektromagnetische Auslegung von elektrischen Maschinen zu schaffen.

Abschließend ist festzustellen, daß die große Bedeutung der Dynamo- und Transformatorenbleche für die Elektrotechnik und die Volkswirtschaft der DDR eine laufende Verbesserung der genannten Werkstoffe, der Produktion und des Einsatzes derselben erfordert. In der DDR trägt eine enge Zusammenarbeit der Industrie, der Hochschulen und der Akademie der Wissenschaften der DDR zur Realisierung dieser Zielstellung bei.

Literatur

[1] Rassmann, G.: Neue Hütte 3 (1958) 4, S. 193—203.

[2] Littmann, M. F.: IEEE Trans. on Magnetics, Vol. MAG — 7 (1971) 1, S. 48—60.

[3] Nagashima, T.: Vortrag „Magnetische Werkstoffe und ihre Anwendung in Japan“, Dresden 1974.

[4] Lange, F.: Die Technik 23 (1968) 9, S. 541—548.

[5] Buckel, W.: Supraleitung. Akademie-Verlag, Berlin 1973, S. 236—237.

[6] Henkel, O.: Wissenschaftliche Thesen (1973) 3, S. 7–12.
[7] Statistisches Jahrbuch der DDR 1974, Berlin 1974.
[8] Klemm, P., K. Hausmann, W. Schulze: Elektrie 27 (1973) 6, S. 312–314.
[9] Daub, D., und A. Lex: Stahl u. Eisen 92 (1972) S. 1224–1229.
[10] TGL 27 441 — Dynamoband kaltgewalzt. 1972.
[11] Yamamoto, T., S. Taguchi u. a.: Soft magnetic material 2, Cardiff 1975.
[12] Molotilov, B. V.: Metallovedenie i termiceskaja obrabotka metallov (1970) 4, S. 28.
[13] Reiche, H.: Elektrie 26 (1972) 5, S. 111–115.
[14] Klemm, P., und G. Naumann: Neue Hütte 8 (1973) S. 469–475.
[15] Goss, N. P.: Iron Age 171 (1953) 5, S. 147–152.
[16] Taguchi, S., T. Yamamoto u. a.: IEEE Trans. on Magnetics, Vol. MAG — 10 (1974) Juni, S. 123–127.
[17] Goto, J., I. Matoba u. a.: Soft magnetic materials 2, Cardiff 1975.
[18] Gössel: „Magnetische Eigenschaften quasiisotroper Elektrobleche bei elliptischer Magnetisierung." Dissertation, TU Dresden, Sektion Elektrotechnik 1975.

Otto Henkel, Harry Wich, Günther Raßmann, Jürgen Schneider, Felix Lange

Neuere Entwicklungsrichtungen der magnetischen Werkstoffe

Man findet auf dem Gebiet des Magnetismus immer wieder neue interessante Arbeiten — sei es über neue Stoffe, über die Aufklärung unvollständig verstandener Erscheinungen, über die Realisierung neuer oder verbesserter Eigenschaften oder Eigenschaftskombinationen oder sei es auf dem Gebiet entsprechender technologischer Verfahren. Das gilt auch dann, wenn man sich von vornherein einschränkt auf magnetische Werkstoffe für die Elektrotechnik, d. h., auf in relativ kompakter Form anzuwendende ferromagnetische Werkstoffe. Damit sind dann so große Gebiete ausgeschlossen wie die ferrimagnetischen Werkstoffe, die gesamten magnetooptischen Erscheinungen, die magnetischen Informationsträger, die magnetischen dünnen Schichten und auch das außerordentlich interessante Gebiet der magnetischen Blasen oder „bubbles“.

Es wäre weder vom Thema des Kolloquiums her angebracht, noch überhaupt möglich, in diesem Vortrag über neuere Entwicklungsrichtungen diese von vornherein ausgeschlossenen Gebiete noch zu streifen. Weiter war es zweckmäßig, in den vorhergehenden Vorträgen die perspektivische Weiterentwicklung der jeweiligen Gebiete schon mit zu besprechen und auch die eine oder andere sinnvoll dort zuordenbare neuere Entwicklung oder Entwicklungsmöglichkeit mit zu behandeln.

Trotzdem bleibt noch eine Reihe interessanter Erscheinungen und Möglichkeiten, z. B. Werkstoffe mit Curietemperaturen in der Nähe der Zimmertemperatur, magnetostriktive Thermobimetalle, Werkstoffe mit lokal einstellbaren hartmagnetischen, weichmagnetischen oder nichtmagnetischen Bereichen oder Stoffe, die am Curiepunkt gleichzeitig einen Metallisolator-Übergang, d. h., einen Widerstandssprung um viele Größenordnungen aufweisen.

Da eine Behandlung aller dieser Punkte ein allzu kaleidoskopartiges Bild bieten würde, haben wir uns entschlossen, nur auf ein größeres zusammenhängendes Gebiet einzugehen, das einerseits von der Grundlagenseite her besonders interessant erscheint, das aber auch Keime für die eine oder andere Entwicklungsrichtung magnetischer Werkstoffe in sich trägt.

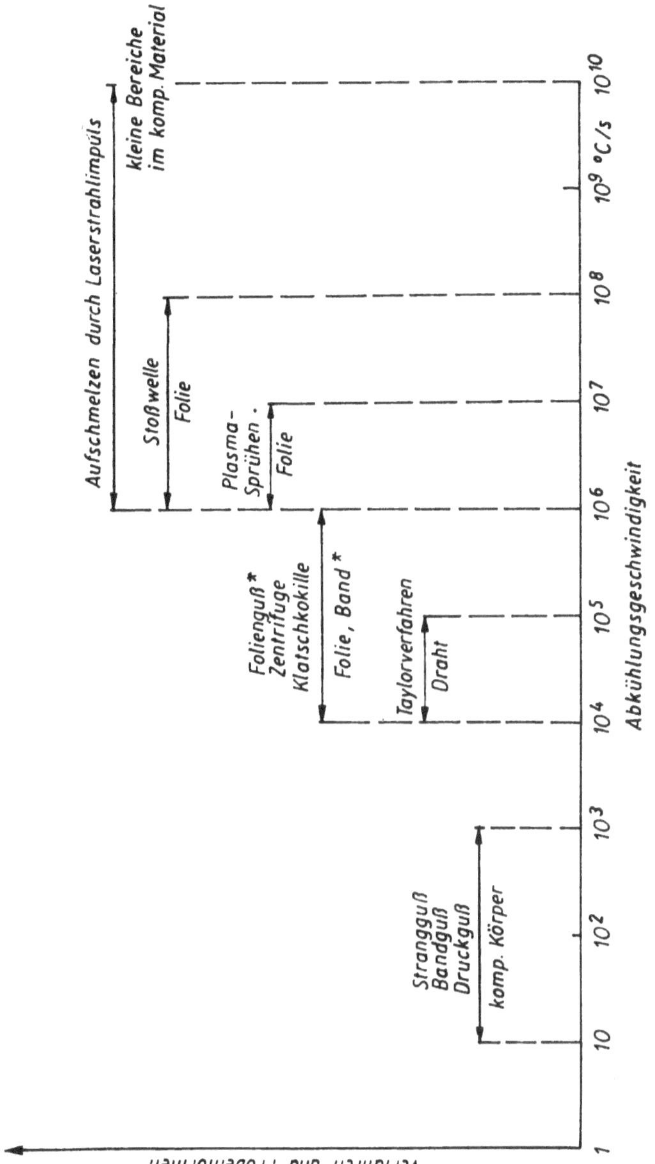

Abb. 1 Darstellung der Verfahren und erhaltene Probenformen in Abhängigkeit von der Abkühlgeschwindigkeit nach Literaturangaben [2]

Es handelt sich dabei um das Gebiet der metastabilen magnetischen Phasen [1]. Solche Phasen entstehen durch schnelles Abkühlen aus der Schmelze oder durch Verfahren, die einer solchen schnellen Abkühlung gleichkommen, wie Kondensation aus der Gasphase bzw. Aufdampfen auf eine gekühlte Unterlage oder Sputtern. Meist werden dabei Legierungszusammensetzungen verwendet, die das Entstehen von metastabilen Phasen begünstigen.

In Abb. 1 ist eine Übersicht über die mit verschiedenen Verfahren erreichbaren Abkühlungsgeschwindigkeiten [2] gegeben. Unter dem Verfahren ist jeweils die herstellbare Probenform aufgeführt. Man erkennt, daß es mit etablierten technischen Verfahren gelingt, kompakte Körper mit Abkühlungsgeschwindigkeiten bis zu 10^3 °C/s herzustellen. Halbtechnische Verfahren, wie Folienguß, Ziehen von dünnen Drähten aus der Schmelze im Glasmantel nach dem Taylorverfahren oder das Plasmaspritzen, gestatten dann die Herstellung von Folien oder dünnen Drähten mit Abkühlgeschwindigkeiten bis zu 10^7 °C/s. Das erst vor relativ kurzer Zeit entwickelte Hochgeschwindigkeitssputtern kann man schon jetzt fast als technisches Verfahren bezeichnen. Die Abkühlungsgeschwindigkeit ist dort kaum angebbar und auf alle Fälle sehr hoch. Es wird eingeschätzt, daß in Zukunft die herstellbaren Schichtdicken in der Größenordnung von mm liegen werden.

Sehr hohe Abkühlungsgeschwindigkeiten von wesentlich über 10^7 °C/s kann man durch Aufschmelzen kleiner Bereiche durch Laserstrahlimpulse erhalten. Aufdampfen auf Flächen, die sich auf der Temperatur des flüssigen Heliums befinden, ergibt sicherlich die höchsten Abkühlungsgeschwindigkeiten und hat den zusätzlichen Vorteil, daß man auch Phasen erhält, die sich schon wesentlich unterhalb Zimmertemperatur wieder in stabile Phasen umwandeln.

In Abb. 2 ist über den erreichbaren Abkühlungsgeschwindigkeiten dargestellt, in welchen Bereichen sich die etablierten technischen Verfahren, die technische Entwicklung, der Schwerpunkt der wissenschaftlichen Forschung und einzelne methodisch besonders fortgeschrittene wisssenschaftliche Arbeiten befinden [3]. Darüber sind dann die erzielbaren Wirkungen angegeben. Bis zu Abkühlungsgeschwindigkeiten von etwa 10^6 °C/s erhält man eine Reihe von meist erwünschten metallurgischen Wirkungen, wie geringere Seigerung, geringere Kristallitgröße und geringerer Dendritenabstand. Über 10^6 °C/s entstehen metastabile Phasen, wie übersättigte Mischkristalle, metastabile neue Phasen oder es entsteht ein glasartiger Zustand.

Selbstverständlich ist diese Grenze bei 10^6 °C/s keine scharfe Grenze. Sie hängt sehr vom jeweils bearbeiteten System ab und auch von der Art der metastabilen Phase — ein übersättigter Mischkristall entsteht schon bei geringeren Abkühlungsgeschwindigkeiten als ein glasartiger Zustand. Ziel der Forschung ist es, diese Grenze nach geringeren Abkühlungsgeschwindigkeiten hin zu verschie-

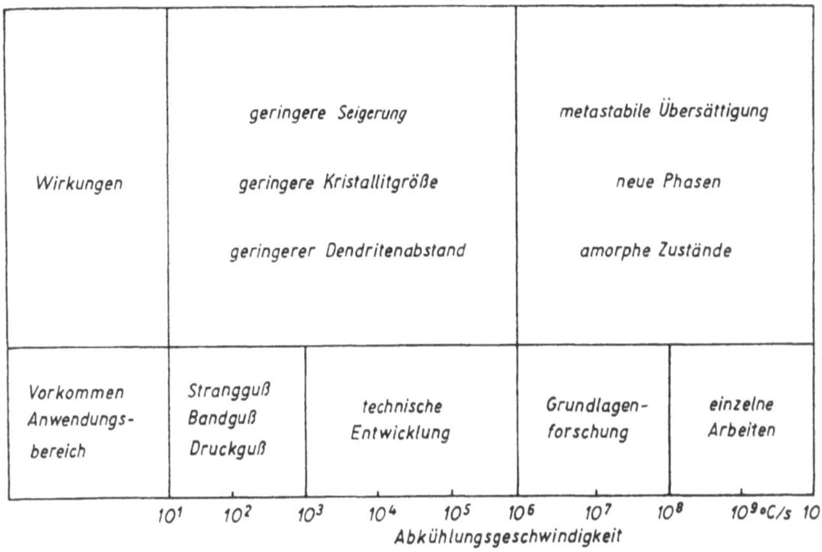

Abb. 2 Darstellung der durch schnelles Erstarren erzielbaren Wirkungen [3]

ben, z. B. durch geeignete Zusätze zu den untersuchten Systemen bzw. geeignete Legierungszusammensetzung.

Umgekehrt ist auch die Grenze der mit etablierten technischen Verfahren oder die Grenze der mit in Entwicklung befindlichen technischen Verfahren erreichbaren Abkühlungsgeschwindigkeiten keine scharfe Grenze. In der Perspektive ist eine Verschiebung zu höheren Abkühlungsgeschwindigkeiten hin möglich.

Man kann also erwarten, daß künftig metastabile magnetische Phasen zumindest in Form von dünnen Drähten, Folien, Pulvern und Schichten bis zu einigen Millimetern Dicke durch technisch zumindest einigermaßen brauchbare Verfahren hergestellt werden können. Damit ist zunächst die Voraussetzung dafür erfüllt, daß man bei solchen metastabilen Phasen überhaupt von einem *Werkstoff* sprechen darf.

Die Voraussetzung dafür, von einem *neuen* Werkstoff bzw. von einer neuen Entwicklungsrichtung zu sprechen, wäre, daß die metastabilen magnetischen Phasen entweder Eigenschaften oder Eigenschaftskombinationen aufweisen, die über das hinausgehen, was man mit stabilen magnetischen Phasen erreichen kann, oder daß sie einen Ausgangszustand zur gezielten Einstellung solcher Eigenschaften darstellen. Diese Frage soll im folgenden untersucht werden [4].

Prinzipiell können drei Typen metastabiler Strukturen entstehen — übersättigte Mischkristalle, kristalline Nichtgleichgewichtsphasen und glasartige Phasen. Welche dieser Möglichkeiten realisiert wird, hängt im wesentlichen vom betrachteten Legierungssystem — es gibt dabei gewisse Regeln — und von der Abkühlungsgeschwindigkeit ab.

Die geringsten Anforderungen an die Abkühlungsgeschwindigkeit stellen im allgemeinen die übersättigten Mischkristalle — je nach dem Grad der Übersättigung —, so daß dort auch am ehesten Aussicht besteht, sie in kompakter Form herzustellen. Dabei sind deren Eigenschaften näherungsweise durch eine Extrapolation von den verdünnten Lösungen dieser Legierungssysteme in das übersättigte Gebiet hinein zu verstehen. Die übersättigten Mischkristalle bieten zumeist auch bessere Möglichkeiten für eine thermische oder anderweitige Behandlung. So kann u. a. eine Ausscheidungshärtung durchgeführt werden. Auf Grund der möglichen hohen Übersättigung kann diese Härtung besonders ausgeprägt sein und damit zu hohen Koerzitivfeldstärken führen. Im Fe-Co-V-System kann man durch Ausscheidungshärtung sehr schnell abgekühlten Ausgangsmaterials um 50% höhere Koerzitivfeldstärken erreichen als bei normaler Abkühlung des Ausgangsmaterials. In diesem Zusammenhang seien auch die Bemühungen erwähnt, aus metastabilen Legierungen der Übergangsmetalle mit seltenen Erden durch thermische Behandlung Stoffe mit extrem hartmagnetischen Eigenschaften herzustellen.

Die kristallinen Nichtgleichgewichtsphasen entstehen bei Legierungen, die im Gleichgewicht — zumindest über einen begrenzten Temperaturbereich — aus zwei Phasen bestehen. Insbesondere die eutektischen Zusammensetzungen erscheinen hierfür als geeignet. Damit ergibt sich allgemein die Möglichkeit, in binären Systemen mit unbeschränkter Mischbarkeit im flüssigen Zustand einphasige Legierungen bei Konzentrationen herzustellen, bei denen im festen Zustand unter Gleichgewichtsbedingungen Zweiphasengebiete bestehen. Neue Phasen, insbesondere mit komplexer Struktur, bieten natürlich zumindest im Prinzip die Möglichkeit, auch neue oder verbesserte Eigenschaften und Eigenschaftskombinationen zu erhalten.

Man muß dabei allerdings beachten, daß beim schnellen Abkühlen von Legierungen aus der Schmelze, insbesondere bei mehrkomponentigen Legierungen, ein hoher Grad von kompositioneller Unordnung entsteht. Selbst wenn sich ein regelmäßiges Gitter bildet, ist die Verteilung der einzelnen Atomsorten auf die einzelnen Gitterplätze völlig unregelmäßig. Schon dadurch kann gegenüber einer regelmäßigen Anordnung ein Einfluß auf die Eigenschaften ausgeübt werden.

Im Zusammenhang damit entsteht die Frage, welche weiteren Eigenschaftsänderungen bei Aufhebung auch der strukturellen oder topologischen Ordnung,

d. h. beim Übergang zu einem glasartigen Zustand, noch entstehen. Dieses Gebiet der magnetischen Stoffe mit Strukturen, die denen von Flüssigkeiten oder Gläsern sehr ähnlich sind, erscheint uns besonders interessant. Man findet für solche Stoffe in der Literatur verschiedene Bezeichnungen, wie: magnetische Gläser, amorphe Legierungen, mikrokristalline Phasen oder Phasen ohne kristalline Fernordnung. Experimentell ist eine solche Struktur dadurch gekennzeichnet, daß das Röntgen- oder Elektronenbeugungsbild nur einen diffusen Ring aufweist und daß in der elektronenmikroskopischen Durchstrahlungsaufnahme keine Kontraste auftreten.

Man erkennt schon aus Bezeichnungen, wie mikrokristalline Phasen oder Phasen ohne kristalline Fernordnung, daß sicherlich keine perfekte Unordnung vorhanden ist, wie z. B. in einer Momentaufnahme eines idealen Gases. Wie der diffuse Ring im Röntgenbeugungsbild zeigt, entspricht die Verteilung der Atomabstände einer Gaußschen Kurve, deren Schwerpunkt etwa dem Atomabstand in der kristallinen Legierung entspricht. Die Dichteänderungen beim Übergang zur Gleichgewichtsphase bewegen sich nur um 1 bis 2%. Eine etwa kristalline Anordnung kann man bei solchen Phasen noch unter den jeweils nächsten Nachbarn annehmen, aber schon kaum noch zwischen den übernächsten Nachbarn, so daß uns die Bezeichnung „Phasen ohne kristalline Fernordnung" am angemessensten erscheint.

Der Grad bzw. die Reichweite der Nahordnung ist sicherlich in den verschiedenen Systemen verschieden und liegt zwischen zwei theoretischen Modellgrenzfällen — dem Modell mit statistisch irregulär angeordneten Atomen, das keine über die nächsten Nachbarn hinausgehende kristalline Ordnung aufweist und dem mikrokristallinen Modell, in dem Kristallite von sehr kleiner Größe, etwa bis 30 Å, vorausgesetzt werden.

Es erhebt sich die Frage nach den magnetischen Eigenschaften solcher Systeme. Früher war man der Ansicht, daß in amorphen Systemen — ebenso wie in Flüssigkeiten — kein Ferromagnetismus möglich sei. Experimentell konnte man aber in den letzten Jahren an Phasen ohne strukturelle Fernordnung ferromagnetisches Verhalten feststellen.

Wieso kann in einem solchen Körper mit flüssigkeitsähnlicher Struktur Ferromagnetismus auftreten?

Voraussetzung für das Auftreten von Ferromagnetismus ist die Existenz von lokalen magnetischen Momenten und von Mechanismen, die die Ausrichtung dieser Momente bewirken. Die Existenz und Größe der magnetischen Momente wird im wesentlichen durch die Legierungsbestandteile und durch die kompositionelle und strukturelle Nahordnung bestimmt. Die Kopplung der Momente erfolgt durch die Austauschwechselwirkung von Elektronen und ist wiederum mit der Nahordnung verknüpft. Voraussetzung für das Auftreten von Ferromagnetismus ist also nur die Existenz einer bestimmten Nahordnung und nicht unbedingt von Fernordnung. Welche Art von Nahordnung dabei erforderlich ist, ist dabei noch offen, insbesondere auch die Frage, ob in Flüssigkeiten Ferromagnetismus auftreten kann.

Die physikalischen Eigenschaften der Festkörper werden durch drei Einflüsse bestimmt

- durch die chemische Zusammensetzung,
- durch die Mikrostruktur, d. h., die Art der kompositionellen und strukturellen Ordnung und
- durch die Makrostruktur. d. h., durch den Grad der Inhomogenität des Materials.

Dabei bestimmen chemische Zusammensetzung und Mikrostruktur im wesentlichen die sogenannten inneren magnetischen Eigenschaften, d. h., Curietemperatur T_c, Sättigungsmagnetisierung I_s und die Abhängigkeit der Sättigungsmagnetisierung von der Temperatur $I_s(T)/I_s(0)$. Die Makrostruktur dagegen bestimmt im wesentlichen die sogenannten strukturempfindlichen magnetischen Größen, die das Verhalten in äußeren Feldern charakterisieren, wie Anfangspermeabilität μ_a und Maximalpermeabilität μ_{max}, Koerzitivfeldstärke H_c, die zum Einstellen der Sättigungsmagnetisierung erforderliche Feldstärke H_s, die Remanenz I_r sowie die Temperaturabhängigkeit des Verhältnisses von Remanenz zu Sättigung $\frac{I_r}{I_c}(T)$.

Infolge der Änderung der Mikrostruktur beim Übergang vom kristallinen Zustand zum Zustand ohne Fernordnung wird man also eine Verschiebung der inneren magnetischen Eigenschaften T_c, $I_s(0)$ und $I_s(T)/I_s(0)$ innerhalb gewisser Grenzen erhalten [4, 5]. Diese Verschiebung ist aber zum Teil bei einer gegenüber dem kristallinen Zustand wenig geänderten Nahordnung nicht sehr groß. Das bedeutet auch, daß die Phasen ohne strukturelle Fernordnung im allgemeinen dann ferromagnetisch sind, wenn auch in den korrespondierenden kristallinen Legierungen Ferromagnetismus auftritt. Dabei wird die Erfassung des Einflusses einer fehlenden strukturellen Fernordnung aber dadurch erschwert, daß die Legierungen im Gleichgewichtszustand meist ein Phasengemisch darstellen. Die wesentlichsten Eigenschaftsänderungen, nämlich eine Verringerung der Sättigungsmagnetisierung I_s und der Curietemperatur T_c, treten bereits auf, wenn durch Abschrecken aus der Schmelze nur eine einphasige metastabile kristalline Legierung mit hoher kompositioneller Unordnung entsteht. Eine zusätzliche topologische Unordnung, d. h., der Übergang zum Zustand ohne Fernordnung, ändert die magnetischen Eigenschaften dann meist nicht mehr wesentlich [2, 4, 5].

Die durch die Änderung der Makrostruktur hervorgerufenen Wirkungen auf die strukturempfindlichen Größen können für Anwendungen bedeutsamer sein. Beim Übergang vom kristallinen Zustand zum Zustand ohne Fernordnung ergibt sich nämlich, gewissermaßen als Nebenerscheinung, eine bedeutsame Homogenisierung des Materials in Struktur und Zusammensetzung, da die Korngrenzen verschwinden und es auch keine statistisch verteilten Kristallite mit ihren anisotropen Eigenschaften mehr gibt. Damit ist dann ein bedeutendes Absinken der Koerzitivfeldstärke verknüpft, da Wandverschiebungen leichter möglich sind. Phasen ohne kristalline Fernordnung haben also meist gute weichmagnetische Eigenschaften. Unter bestimmten Bedingungen sind auch hohe Permeabilitäten möglich.

Neben dieser quantitativen Änderung der magnetischen Eigenschaften, die z. B. bei der Koerzitivfeldstärke mit einer Abnahme um etwa eine Größenordnung besonders ausgeprägt ist, ändern sich beim Übergang zum Zustand ohne Fernordnung auch andere Eigenschaften, oft in erwünschter Richtung. Durch die hohe kompositionelle und strukturelle Unordnung ergibt sich gegenüber der Gleichgewichtsphase eine Erhöhung des elektrischen Widerstands, etwa um den Faktor 2 bis 4, wobei bei metallischen Systemen kein größerer Wert als etwa 300 $\mu\Omega$cm erwartet werden darf, da die mittlere freie Weglänge der Elektronen nicht kleiner als der Atomabstand werden kann. Weiter erhält man oft, durch

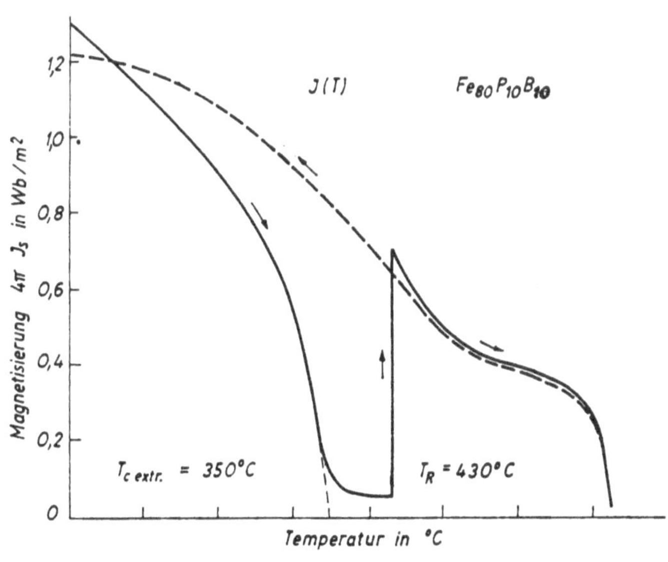

Abb. 3 Temperaturabhängigkeit der Magnetisierung von amorphen $Fe_{80}P_{10}B_{10}$ [2]

den glasartigen Zustand erklärbar, hohe Festigkeit bzw. besondere Härte und damit Verschleißfestigkeit.

Die dargelegten Tendenzen sollen noch durch einige Meßergebnisse belegt werden. Abb. 3 zeigt zunächst am Beispiel von im ZFW nach dem Taylorverfahren hergestellten $Fe_{80}P_{10}B_{10}$-Mikrodrähten [2] — Phosphor und Bor wirken dabei als Glasbildner — die Temperaturabhängigkeit der Sättigungsmagnetisierung I_s. Die ausgezogene Kurve wurde bei steigender Temperatur gemessen. Sie geht bei der Rekristallisationstemperatur T_R in die gestrichelte Kurve der kristallinen Phase über, die dann reversibel durchlaufen wird und eine höhere Curietemperatur aufweist. Abb. 4 zeigt in analoger Weise die Änderung

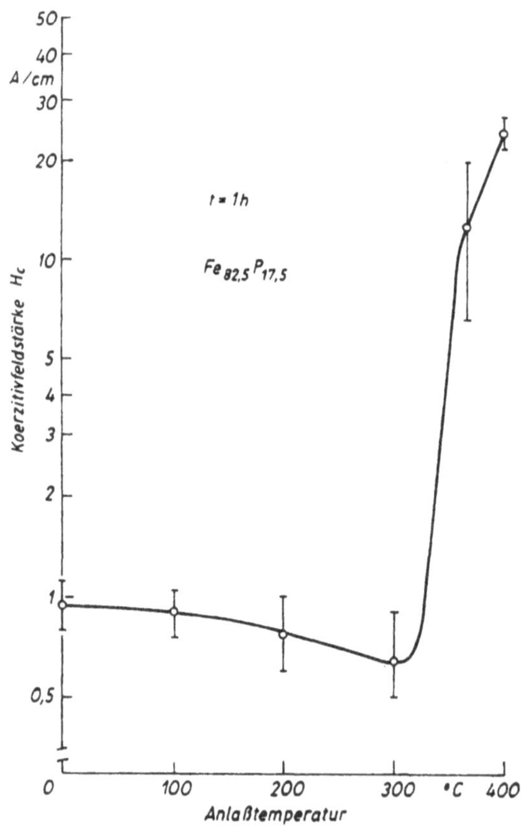

Abb. 4 Änderung der Koerzitivfeldstärke H_c nach Anlassen amorpher FeP-Taylordrähte [2]

der Koerzitivfeldstärke als Funktion der Anlaßtemperatur. Der Übergang zur kristallinen Phase erhöht die Koerzitivfeldstärke auf etwa das Zwanzigfache. Abb. 5 zeigt schließlich, wie der hohe, nahezu temperaturunabhängige Widerstand der Phase ohne kristalline Fernordnung nach der Rekristallisation übergeht in den niedrigeren temperaturabhängigen Widerstand einer kristallinen Phase [7].

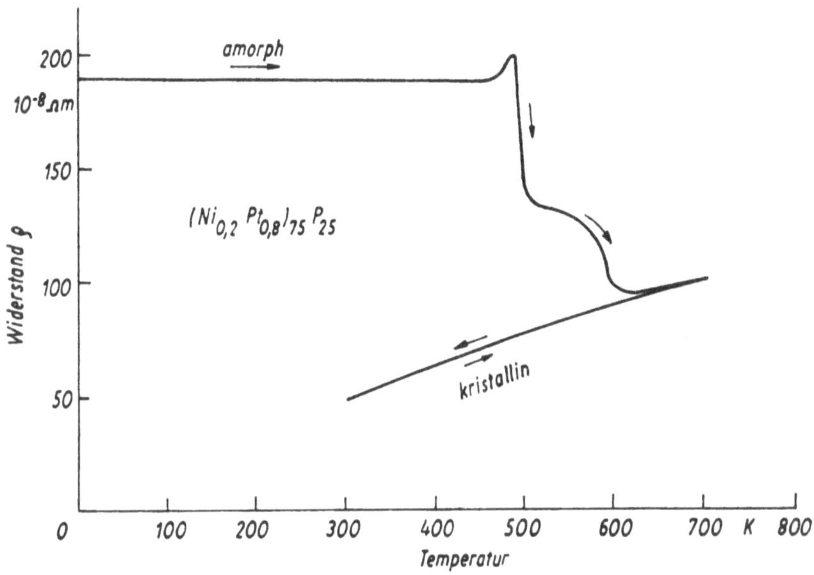

Abb. 5 Temperaturabhängigkeit des spezifischen elektrischen Widerstandes von amorphen $(Ni_{0,2}Pt_{0,8})_{75}P_{25}$ nach SINHA [7]

In Tab. 1 sind einige Kenngrößen bekannter Werkstoffe der Elektrotechnik mit entsprechenden Werten für ausgewählte Legierungen ohne kristalline Fernordnungen verglichen. Man erkennt, daß man bei etwa vergleichbarer Sättigungsmagnetisierung I_s in Phasen ohne kristalline Fernordnung höhere Maximalpermeabilität, höheren elektrischen Widerstand und vor allem eine nahezu um eine Größenordnung geringere Koerzitivfeldstärke erhalten kann. Dazu kommt eine zur Zeit nicht qualitativ ausweisbare Erhöhung der Verschleißfestigkeit. Die hier angegebenen Kenngrößen für die amorphen Materialien wurden an Ringkernen gemessen [6], die aus nach dem Foliengußverfahren hergestellten Bändern gewickelt waren. Insofern scheint eine Anwendung dieser recht attraktiven Substanzen als ausgesprochener Sonderwerkstoff möglich.

Tabelle 1

Legierung	Struktur	$\mu_{max} \cdot 10^{-3}$	H_c [A/cm]	$4\pi Is$ [Wb/m²]	$\varrho \cdot 10^8$ [Ωm]
Fe — 4% Si	Textur	40	0,08	2,0	47
Sendust	krist.	120	0,04	1,0	60
Permalloy $Fe_{50}Ni_{50}$	krist.	100	0,04	1,6	35
Fe — 16% Al	krist.	70	0,02	0,8	150
$Fe_{80}P_{16}B_1C_3$	amorph	62	0,05	1,71	150
$Fe_{40}Ni_{40}P_{16}B_4$	amorph	410	0,008	0,83	150
$Fe_{29}Ni_{49}P_{14}B_6Si_2$	amorph	185	0,008	0,49	150

Gegenwärtig gibt es allerdings noch keine Anwendung der magnetischen Phasen ohne strukturelle Fernordnung in kommerziellem Maßstab. Immerhin werden aber die Bänder nach Tabelle 1 unter dem Handelsnamen „Metglas Alloys“ kommerziell in Längen von 3 bis 5 m, Breiten von 3 bis 5 mm und in Dicken von etwa 50 μm angeboten. Man kann daher erwarten, daß in absehbarer Zeit ein Einsatz für kleine Übertrager, Magnetverstärker, Impulstransformatoren oder auch für kleine elektromechanische Geräte, wie empfindliche Relais oder Fehlerstromschutzschalter erfolgt.

Interessant für Anwendungen ist weiter die Kombination der magnetischen Eigenschaften mit hohem Widerstand und hoher Härte bzw. Verschleißfestigkeit. Das läßt eine Nutzung als Magnetkopfmaterial, z. B. für Videoköpfe, aussichtsreich erscheinen.

Schließlich ist die bei solchen Phasen durch die hohe Variabilität bei der Einstellung der Zusammensetzung besonders leicht gegebene Möglichkeit interessant, die Curietemperatur T_c in die Nähe der Zimmertemperatur zu legen. Daraus lassen sich eine Vielzahl von Anwendungen ableiten, die die Temperaturabhängigkeit des magnetischen Flusses, der Koerzitivfeldstärke und der Permeabilität ausnutzen. Die hohe Variabilität in der Zusammensetzung bedingt auch eine hoch einstellbare Magnetostriktion, die in Verbindung mit der großen Härte magnetostriktive Verzögerungsleitungen aussichtsreich erscheinen läßt. Schließlich macht der hohe und nahezu temperaturunabhängig einstellbare Widerstand, verbunden mit der Möglichkeit des Ziehens von Mikrodrähten nach dem Taylorverfahren, auch den Einsatz als Widerstandswerkstoff möglich. Zunächst wird man also Anwendungen als ausgesprochener Sonderwerkstoff erwarten können, die im Grenzgebiet von Elektrotechnik und Informationstechnik liegen. In diesem Zusammenhang sei wenigstens noch erwähnt, daß dünne Schichten ohne kristalline Fernordnung auf der Basis von Legierungen zwischen Übergangsmetallen und seltenen Erden das gegenwärtig aussichtsreichste Material für magnetische Bubblespeicher darstellen, da die magnetischen Blasen in diesen Schichten eine besonders hohe Beweglichkeit aufweisen und hohe Speicherdichten möglich sind.

Man muß sich bei einer Betrachtung aller dieser Möglichkeiten klar sein, daß das Gebiet der metastabilen Ferromagnetika noch ganz am Anfang sowohl der wissenschaftlichen als auch der technischen Erschließung steht. Es bietet zunächst noch ein weites Feld für die Klärung grundlegender Fragen, sowohl des Magnetismus, der Phasenübergänge als auch des Zustands ohne kristalline Fernordnung und ist allein aus diesem Grunde hochinteressant. Im Zusammenhang mit einer weiteren Klärung der Grundlagen werden mit Sicherheit noch weitere Anwendungen, noch geeignetere Stoffsysteme und noch bessere Herstellungsverfahren erschlossen werden.

Literatur

[1] Jones, H.: Reports on Progress in Physics **36**, 11, 1425 (1973), T. R. Ananthara-man u. a.: J. of Mat. Science **6**, 1111 (1971), P. Duwee: Transactions of the ASM **60**, 607 (1967).

[2] Wiesner, H.: Dissertation TU Dresden, Mai 1975.

[3] Warlimont, H.: Z. f. Metallk. **63**, 113 (1972).

[4] Schneider, J., und H. Wiesner: Metastabile Phasen metallischer magnet. Systeme — Eigenschaften und Struktur, unveröffentl. Bericht, ZFW, Februar 1975.

[5] Cargill, G. S.: Proceedings of the 20. Conf. Magn. and Magnetic Materials, USA, San Francisco, Dez. 1974.

[6] Egami, T. u. a.: Ebenda.

[7] Sinha, A. K.: Phys. Rev. B **1**, 12, 4541 (1970).

Manfred Balarin

Schlußwort

Gestatten Sie mir zum Schluß einige Bemerkungen:

Ich glaube doch, daß man den Veranstaltern, dem Zentralinstitut für Festkörperphysik und Werkstofforschung und der Klasse Werkstofforschung der Akademie danken muß dafür, daß sie die Initiative übernommen hatten und heute diese Veranstaltung durch Vorträge gestaltet haben. Mir scheint, daß in einer so zusammenhängenden Form noch einmal gezeigt worden ist, daß der Magnetismus und die magnetischen Werkstoffe nach wie vor jung sind, daß man sie weiter untersuchen muß und daß es neuartige Anwendungen gibt. Ich glaube, gerade auf dem Gebiet der magnetischen Werkstoffe war es eine gewisse Zeitlang gar nicht so sicher, daß diese Entwicklung so weitergehen wird. In dieser Hinsicht hat die heutige Veranstaltung eines der Ziele erfüllt, sie hat informiert.

Aber einige Fragen in der Diskussion haben gezeigt, daß man sich noch überlegen muß, wie in Zukunft ein weiteres Anliegen dieser Veranstaltungsreihe besser gewährleistet werden kann; denn die Information soll viele erreichen, die in ihrer Arbeit diese Hinweise und diese Fakten berücksichtigen sollen. Betrachtet an der Teilnehmerzahl im Moment in diesem Raum und auch an der gewissen Passivität in der Diskussion ist das nicht ganz gelungen. Wir müssen uns also überlegen, wie bei ähnlichen Veranstaltungen die Teilnahme und der Meinungsaustausch aktiviert werden können. Das Ziel ist ja wirklich, hier die verschiedensten Interessenten zusammenzubringen, diejenigen, die auf diesem Gebiet Forschung treiben, diejenigen, die auf diesem Gebiet technologische und verfahrensmäßige Entwicklungen in ihren Einrichtungen durchführen, aber unbedingt auch diejenigen, bei denen der Einsatz solcher magnetischer Bauteile oder Systeme neue Möglichkeiten eröffnen soll.

Wir wissen, wie schwer es ist, immer alle unter einen Hut zu bringen und daß wir gerade deshalb alle Anstrengungen unternehmen müssen, um uns zusammenzuraufen und auch das Für und Wider von bestimmten neuen Entwicklungen sehr gründlich abzuwägen. Ich glaube, allein die Frage nach dem

Preis der verschiedenartigsten Magnetwerkstoffe, ihrer Technologie und Bauteile zeigt uns, wie schwierig es dabei ist, auch eine gemeinsame Sprache zu finden. Die Frage des Preises hat z. B. beim Einsatz der weichmagnetischen Feingußteile zeitweise sehr hemmend und manchmal auch wieder etwas fördernd gewirkt. Wir wissen, daß eine solche Entwicklung durch viele Betriebe gleichzeitig betrieben werden muß, daß damit Produktionsstufen nicht nur an einzelnen Stellen geändert oder übersprungen werden und daß auch bestimmte Traditionen damit verbunden werden müssen und daß nicht immer gleich von Anfang an alles gut zusammenpaßt. Im Reloxsystem, das heute auch noch einmal gezeigt wurde, hat der Anwender, VEB Elektroapparatewerke Treptow, damit Arbeitskräfte eingespart, aber in einem ganz anderen Bezirk in der DDR, wo der Feinguß hergestellt werden muß, wurden dafür einige Arbeitskräfte und Investitionen gebraucht. Manchmal reicht bei uns die Einsparung in einem Bezirk eben doch noch nicht, um das im anderen Bezirk auszugleichen. Oder wir haben durchaus noch vieles, was betriebsegoistisch gesehen wird; gerade auch bei der Preisbildung versuchte mancher, noch sein Schäfchen ins trockene zu bringen, indem in Abrede gestellt wurde, daß ein ausgesuchter Siemens-Martin-Stahl dafür geeignet ist, um so zu erreichen, daß ein viel teurerer ultrareiner Stahl verwendet wird, der für den Betrieb, der den Stahl herstellt, ein besseres Betriebsergebnis bringt.

Hier scheint mir, daß wir solche Gelegenheiten wie dieses Kolloquium viel mehr nutzen sollten, um alle diese Fragen sehr offen zu stellen, um sie hier und in der Folge durch gründlichere Analysen wirklich gut zu beantworten. Ich glaube, wir müssen davon ausgehen, daß auch viele der hier angedeuteten Entwicklungstendenzen heute natürlich in bezug auf den Preis wirklich noch nicht eingeschätzt werden können und in einem solchen Stadium auch nicht genau auf Mark und Pfennig ausgewiesen werden können. Aber es kommt doch darauf an, daß wir zeigen können, daß es ganz bestimmte Vorteile gibt auch in der Produktivität, in der Zuverlässigkeit der daraus hergestellten elektromagnetischen Teile, evtl. auch in bezug auf den Energieverbrauch im Betrieb oder bei der Herstellung oder daß andere volkswirtschaftliche Faktoren damit günstig beeinflußt werden können.

Ich möchte diesen Gedanken hier so abschließen, daß ich Sie bitten möchte, das heutige Kolloquium nicht schnell zu vergessen, sondern nachwirken zu lassen und Verbindungen mit dem Zentralinstitut für Festkörperphysik und Werkstofforschung, Dresden, zu halten oder noch aufzunehmen, wenn Ihnen die eine oder andere Frage auftaucht, insbesondere auch wenn Sie Bedenken haben, daß vielleicht in Ihrem Fall die Sache aus bestimmten Gründen nicht anwendbar sei; dann muß man das klären. Es wurde heute auch in mehreren Vorträgen gesagt, daß durch die klarere Aufgabenstellung, durch die Forderung insbesondere aus dem Bereich der Elektrotechnik, sich manchmal eigentlich erst die genaue Zielstellung für die Forschung ergeben hat. Sie würden also auch dem Institut helfen für die weitere Planung und Orientierung der Forschungsarbeiten. Ich hoffe außerdem, daß es für Sie günstig ausgeht und daß auch Sie dann einige Anwendungen mit den hier dargelegten Ergebnissen bei sich durchführen können.

Ich kann ankündigen, daß die Vorträge publiziert werden, so daß Sie die Ausführungen dann auch noch schriftlich zur Verfügung haben werden. Weiter möchte ich Sie bitten, doch von diesem Kolloquium Ihren Fachkollegen weiter zu berichten und vielleicht bei zukünftigen Veranstaltungen die Einladungen breiter bekanntzumachen und weitere Teilnehmer zu gewinnen.

Ich danke noch einmal allen, die heute hier vorgetragen und zur Diskussion gesprochen haben und möchte hiermit die Veranstaltung schließen.

Autorenverzeichnis

Balarin, Manfred, Prof. Dr. sc. nat., Forschungsbereich Physik, Kern- und Werkstoffwissenschaft der Akademie der Wissenschaften der DDR, Dresden

Brendler, Werner, Prof. Dr.-Ing. habil., Technische Universität Dresden, Sektion Elektrotechnik

Henkel, Otto, Korrespondierendes Mitglied der Akademie der Wissenschaften der DDR, Dresden

Hofmann, Ulrich, Ordentliches Mitglied der Akademie der Wissenschaften der DDR

Klemm, Peter, Dr.-Ing., Zentralinstitut für Festkörperphysik und Werkstofforschung der Akademie der Wissenschaften der DDR (ZFW, Dresden), Dresden

Kupfer, Rudi, Dr.-Ing., VEB Halbzeugwerk Auerhammer, Aue, im Bergbau- und Hüttenkombinat „Albert Funk", Freiberg

Lange, Felix, Prof. Dr.-Ing. habil., ZFW, Dresden

Michalowski, Lothar, Dr.-Ing., VEB Kombinat Keramische Werke Hermsdorf

Müller, Manfred, Dr.-Ing., ZFW, Dresden

Naumann, Günter, Dr., VEB Bandstahlkombinat „Hermann Matern", Zentrale Forschungsstelle, Eisenhüttenstadt

Raßmann, Günther, Prof. Dr.-Ing. habil., ZFW, Dresden

Schneider, Jürgen, Dr. rer. nat., ZFW, Dresden

Urban, Manfred, Dr.-Ing., VEB Halbzeugwerk Auerhammer, Aue, im Bergbau- und Hüttenkombinat „Albert Funk", Freiberg

Wich, Harry, Dr.-Ing., ZFW, Dresden

Wittig, Roland, Dr.-Ing., ZFW, Dresden